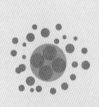
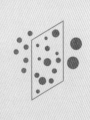

给忙碌青少年讲粒子物理

揭开万物存在的奥秘

[英]《新科学家》杂志 编著

秦鹏 译

天津出版传媒集团

天津科学技术出版社

著作权合同登记号：图字 02-2020-388

图书在版编目（CIP）数据

给忙碌青少年讲粒子物理：揭开万物存在的奥秘 /
英国《新科学家》杂志编著；秦鹏译. -- 天津：天津
科学技术出版社，2021.5（2024.8重印）
　书名原文：Why the universe exists
　ISBN 978-7-5576-8974-2

Ⅰ.①给… Ⅱ.①英… ②秦… Ⅲ.①粒子物理学-
青少年读物 Ⅳ.①O572.2-49

中国版本图书馆CIP数据核字(2021)第062784号

给忙碌青少年讲粒子物理：揭开万物存在的奥秘
GEI MANGLU QINGSHAONIAN JIANG LIZI WULI:
JIEKAI WANWU CUNZAI DE AOMI

选题策划：联合天际
责任编辑：布亚楠

关注未读好书

出　　版：天津出版传媒集团
　　　　　天津科学技术出版社
地　　址：天津市西康路35号
邮　　编：300051
电　　话：（022）23332695
网　　址：www.tjkjcbs.com.cn
发　　行：未读（天津）文化传媒有限公司
印　　刷：天津联城印刷有限公司

客服咨询

开本 710 × 1000　1/16　印张12.75　字数150 000
2024年8月第1版第3次印刷
定价：58.00元

系列介绍

　　关于有些主题，我们每个人都希望了解更多，对此，《新科学家》（*New Scientist*）的这一系列书籍能给我们以启发和引导，这些主题具有挑战性，涉及探究性思维，为我们打开深入理解周围世界的大门。好奇的读者想知道事物的运作方式和原因，毫无疑问，这系列书籍将是很好的切入点，既有权威性，又浅显易懂。请大家关注本系列中的其他书籍：

《给忙碌青少年讲太空漫游：从太阳中心到未知边缘》

《给忙碌青少年讲人工智能：会思考的机器和 AI 时代》

《给忙碌青少年讲生命进化：从达尔文进化论到当代基因科学》

《给忙碌青少年讲脑科学：破解人类意识之谜》

《给忙碌青少年讲地球科学：重新认识生命家园》

《给忙碌青少年讲数学之美：发现数字与生活的神奇关联》

《给忙碌青少年讲人类起源：700 万年人类进化简史》

撰稿人

编辑：斯蒂芬·巴特斯比，物理学作家，《新科学家》杂志顾问。

系列编辑：艾莉森·乔治，《新科学家》"即时专家"系列编辑。

本书中的文章基于 2016 年《新科学家》大师班"粒子物理学的奥秘"上的演讲以及之前发表在《新科学家》上的文章。

特约撰稿人

乔恩·巴特沃斯是伦敦大学学院的物理学教授，也是欧洲核子研究中心大型强子对撞机超环面仪器合作项目的成员。他研究电弱对称破缺的机制，这可以解释为什么一些东西有质量。他写了第 2 章的"为什么我们需要希格斯"，还有第 3 章的"探测器的故事"和"大发现"。

迈克尔·达夫是伦敦帝国理工学院理论物理学的名誉教授，也是超引力研究的先驱。他写了第 9 章的"弦之声"。

戴夫·戈德堡是宾夕法尼亚州费城德雷塞尔大学的物理学教授，专门研究理论宇宙学。他写了第 2 章的"为什么宇宙是对称的"。

安德鲁·哈里森是英国哈维尔钻石光源公司的首席执行官，也是英国曼彻斯特大学的化学访问教授。他写了第 11 章的"大显身手的中子"。

尤金·林是伦敦国王学院的理论宇宙学家。从弦论到宇宙中量子信息的作用都在他的兴趣范围之内。他写了第 9 章的"仍然没有万有理论"。

菲尔·沃克是英国吉尔福德萨里大学的核物理教授。他的研究重点是核异构体。他与人合写了第 1 章的"原子内部"。

汤姆·韦恩泰曾是伦敦玛丽皇后大学物理与天文学院的公众参与研究员，也曾在欧洲核子研究中心的大型强子对撞机上从事暗物质和磁单极子的研究。他现在是伦敦大学学院的研究助理。他写了第 11 章的"粒子物理学为我们做了些什么"。

同时感谢以下作者和编辑：

罗伯特·阿德勒、吉利德·阿米特、阿尼尔·阿纳塔斯瓦米、雅各布·阿荣、斯蒂芬·巴特斯比、迈克尔·布鲁克斯、乔恩·卡特莱特、马修·夏尔莫斯、斯图尔特·克拉克、阿曼达·盖夫特、杰西卡·格里戈斯、丽萨·格罗斯曼、约书亚·豪治戈、汉娜·约书亚、瓦莱丽·贾米森、克斯汀·基德、伊丽莎白·兰度、克里斯汀·萨顿、理查德·韦伯和乔恩·怀特。

前言

从你打开这本书的那一刻算起，已经有数千亿颗被称为中微子的幽灵粒子携带着我们在加速器中制造的任何东西都远远不及的能量穿过你的身体，质子闯入高层大气中，奇异的撞击产物如泻如注、纷落如雨。无数有质量粒子短暂出现而又顷刻即逝，只是为了阻止你的身体以光速分崩离析。

我们对这一切的了解，实乃当今物理学家们聪明才智之明证。他们揭示了太多亚原子世界的秘密；他们发展了我们关于物质和支配物质力量的理论；他们设计并制造了用来一窥物质核心的仪器，并研究出如何破译仪器所发出的复杂而又微妙的信号。

这本即时专家指南将带你进入粒子的领域。它将深入地壳，放眼宇宙，还会回到大爆炸刚刚发生的那一刻。

粒子物理学的目的是，了解事物在基本层面上的运作方式。宇宙中所有事物的基础构件是什么？这些基本实体是如何结合在一起形成更复杂的物质的？又是如何施放我们所感受到的力的？这是一项雄心勃勃的惊人伟业，然而粒子物理学也很简单。它的工作方法包括让事物非常猛烈地相撞，以查明其内部结构和运作方式。见识一下大型强子对撞机吧。它是迄今为止人类发明的最强大的粒子加速器，能够达到的能量之高、探测的尺度之精细、创造出的有质量粒子之多，都前所未有。

今天，大型强子对撞机已经建成了一座宏伟的理论大厦——粒子物理学标准模型。该模型汇集了所有已知的物质粒子，并描述了它们如何通过另一组粒子携带的几种基本力相互转化和相互作用。我们现在对物质的运行有了深刻的理解，这是建立在数学对称性基础上的，并得到了大量实验的证实。

这为基础物理学的一个章节画上了句号，同时也让我们不禁要问，接下来会发生什么。标准模型中缺少很多东西。从中微子的不稳定行为到暗物质的本质，一系列的粒子谜题正在等待我们去解决。它们会给我们带来某种最终的领悟，还是会留下另外一批更加深刻的问题？

编辑：斯蒂芬·巴特斯比

目录

1

神奇粒子在哪里

　　一个多世纪之前，我们开始把探究的目光投向原子内部。自那时起，我们发现这个世界是由一系列具有独特性质的事物构成的。

原子内部

原子是物质不可分割的终极粒子的观点可以追溯到古希腊的哲学家。它是18 世纪以来化学这一新学科赖以建立的基石。但是到了一个多世纪以前，随着更小、更基本的实体——也就是现在我们所称的基本粒子乍露真容，这一切发生了变化。

1897 年，英国物理学家约瑟夫·汤姆森正在研究阴极射线——真空中的金属电极在高电压下发射出的辐射流。这些射线是不可见的，但是碰到荧光材料时便会产生辉光。汤姆森证明了，阴极射线在磁场和电场中会偏转，而且偏转的程度与阴极的材质无关。他得出结论：它们是带负电荷的微小物体，比原子小得多，也轻得多。这些"电子"的发现推翻了原子是均质的、不可分割的观点。

如果电子是原子的一部分，那么原子里面还会有什么呢？为了保持原子整体的电中性，汤姆森认为电子是镶嵌在原子里面的，就像是镶嵌在正电荷"布丁"里的梅子。但是，到了 1908 年，新西兰人欧内斯特·卢瑟福和他在英国曼彻斯特大学的助手汉斯·盖革一起工作，揭示了一幅不同的图景。从放射源发射出去之后，带正电荷的 α 粒子——后来被发现是氦原子核——穿过挡在它们前面的金属箔，路径仅仅偏转了几度。看起来，原子内部大部分空间似乎都空空如也。

盖革和他的学生欧内斯特·马斯登开展的后续实验带来了更加令人意想不到的结果。一些 α 粒子直接反弹，路径折角达 180 度。卢瑟福后来曾说，这种现象"就像你朝一张纸巾发射了一枚 38 厘米的炮弹，结果它弹回来打到了你"。卢瑟福于 1911 年 2 月首次公开发表的解释是，本身不到十亿分之一米（10^{-9}

米）宽的原子的质量集中在中心一个直径只有 10^{-14} 米的微小体积中。这有点像一只苍蝇在大教堂里嗡嗡乱飞——只不过苍蝇占了大教堂总质量的 99.9%。原子核诞生了。

进入原子核

原子核被发现后的一段时间里，它的基本结构仍然是个谜。但是当物理学家们用 α 粒子把一种元素转化成另一种元素时，他们发现会有氢原子核被释放出来。到了 20 世纪 20 年代早期，卢瑟福等人确信，后来被称为质子的氢原子核一定是原子核的基本组成部分。但是直到 1932 年，卢瑟福的同事詹姆斯·查德威克才分离出另一种组成部分。用 α 粒子轰击铍会产生一种新型的辐射，由不带电荷的粒子构成（见图 1.1）。起初，查德威克认为它是电子和质子的结合体，结果却发现它有点超重。质子的质量为 938.3 兆电子伏特（MeV），是电子质量的 1800 多倍，而新发现的中子质量达到了 939.6 兆电子伏特。

单独存在的质子是稳定的，至少人们还没有观察到它们的衰变，而中子则会通过发射电子变成质子。如果你能收集一桶中子，10 分钟后便只能剩下一半了。考虑到这一事实，再加上质子因带正电荷而相互排斥，原子核居然能保持聚合，看起来似乎是个奇迹。这要归功于强核力那压倒性的效应，强核力在极短的距离内能使质子和中子结合在一起（见第 2 章）。

有了电子、质子和中子，我们似乎拥有了一套可以形成任何原子的粒子，所有的化学元素乃至所有已知的物质也就得到了解释。新发展的量子力学理论描述了这些粒子的特殊行为：既可以像波也可以像小质点。只需要三种零件就能构建宇宙，这真是一个简单到令人震惊的系统……然而大自然并没有表现出那样的仁慈。

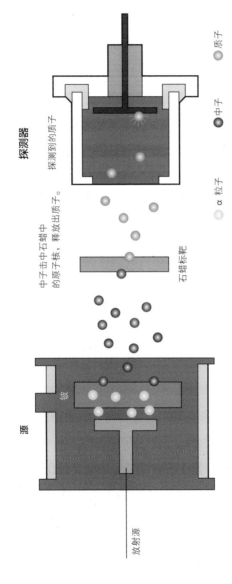

探测器

探测到的质子

源

铍

放射源

中子击中石蜡中的原子核，释放出质子。

石蜡标靶

○ α 粒子　● 中子　◉ 质子

图 1.1 中子被发现的过程。在使用 α 射线轰击铍的时候，法国物理学家约里奥 - 居里夫妇发现了一种神秘的辐射，能够把质子从石蜡中轰击出来。后来发现是中子做到了这一点。

发现反世界

1928 年，英国物理学家保罗·狄拉克预言过一种新型的粒子。他为电子设计了一个量子方程。不同于传统的量子力学，这个方程与爱因斯坦描述高速物体运动方式的狭义相对论也是相容的。方程预测电子具有自旋——一种内禀角动量。（电子的自旋是 1/2——用量子物理学家最喜欢的约化普朗克常数来讲，大概是 10^{-34} 焦耳·秒）它还表明电子应该有一个二重身——一种"反物质"粒子，几乎所有性质都与电子相同，只不过带正电荷而不是负电荷。正电子在 1932 年被发现，它是第一个被发现的反物质世界成员。此外还有反质子和其他粒子的反物质版本。

与此同时，自然的一个更加奇异的面目也被揭示了出来。当一个中子衰变为一个质子和一个电子（β 衰变过程的一个例子），两个新粒子的能量加起来要小于一开始的中子总能量。这种短缺致使物理学家沃尔夫冈·泡利和恩里科·费米在 20 世纪 30 年代得出结论，肯定还有一种粒子被发射了出来——一种幽灵般的粒子，与其他粒子之间相互作用很弱。这种粒子现在被称为中微子（具体来说，在上文试验中发射的是反电子中微子）。

在从太空向我们倾泻下来的粒子——也就是宇宙射线——当中，还有更多的意外正等着我们。1937 年，在宇宙射线中发现了一个质量相当于电子质量约 200 倍的粒子。起初，这看起来符合日本物理学家汤川秀树在 1933 年提出的一项理论。在该理论中，被他称为介子的新粒子利用强大的核力将质子和中子结合在一起。然而，物理学家在 20 世纪 40 年代发现，这个新发现其实是电子的一个较重的版本。它令美国物理学家伊西多·艾萨克·拉比发出了疑问："那东西是谁点的？"

其他这些粒子的存在有何意义？是否还存在着另一个有待发现的层次？为了

更深入地研究物质并回答这些问题，物理学家需要开发一些强大的新工具。

粒子对撞

粒子是很小的东西，但是为了研究它们，我们需要巨大的机器。世界上用来研究它们的机器当中，最大、最有名的是瑞士欧洲核子研究中心实验室的大型强子对撞机。这个粒子加速器的隧道有 27 千米长，峰值耗电量大约为 200 兆瓦，大约是邻近城市日内瓦耗电量的三分之一。

大型强子对撞机和其他大型加速器的目的是将带电粒子加速到接近光速。这给了粒子很高的动能，也就让它们拥有了强大的撞击力。当这样的高能粒子与其他物质碰撞时，它的能量可以转化为新粒子的质能（根据爱因斯坦的方程 $E = mc^2$）。更大的能量意味着你可以创造更重的新型粒子，也使得物理学家能够在非常小的尺度上探测物质，因为亚原子粒子束的行为就像波一样。能量越高，波长越短；波长越短，可以识别的物体就越小。

阴极射线管——汤姆森发现电子时使用的装置——便是一种简单的粒子加速器。将玻璃管内的空气抽空，两端插入电极。施加电压会在电极之间形成电场，负极（也就是阴极）被加热，这样电子就能被有效地"蒸"出来。然后，电子被吸引到正极那端，并在穿过中间的电场的过程中获得能量。

如果电极之间的电势差为 1 伏特，电子将获得 1 个电子伏特（eV）的能量，大约等于 1.6×10^{-19} 焦耳。提高电压，你就可以赋予电子更多的能量。一些用于产生 X 射线的阴极射线管在数百千电子伏特（keV）的能级上工作。

范德格拉夫起电机可以生成更高的电压。这种设备使用一条传送带把电荷向上引入一个金属球中。它们的电压可以达到数百万伏特，因此可以生成带有几兆电子伏特（MeV）能量的质子束。这么高的能量足以探测原子核的结构，但是仍然满足不了粒子物理学家们的要求。

步步高升

人们能够维持的电压是有限的，因此，为了让粒子获得更高的能量，加速器重复使用强度较小的电场。1928 年，挪威工程师罗尔夫·维德罗建造了第一台这样的机器，一种线性加速器，或者叫作直线加速器。他的直线加速器令粒子束通过连续的交变电场区域，在粒子行进过程中分阶段给予它们反复加速。一些现代的机器以同样的方式工作，另外一些直线加速器则利用电磁波加速粒子，就像驾驭海浪的冲浪者一样。

世界上最大的直线加速器位于美国加利福尼亚州的斯坦福线性加速器中心国家加速器实验室。这台机器有 3 千米长。在被用于粒子物理学研究时，它可以将电子加速到 500 亿电子伏特（50 吉电子伏特，简称 GeV）。今天它被分成两个区段运作，它的粒子束被用于其他科学领域（见第 11 章）。

直线加速器是有极限的，因为粒子很快就会到达终点，你就不能继续加速它们了。这就是为什么当今最强大的加速器——同步加速器——使用磁体将粒子束弯曲成圆形。当粒子加速时，磁场相应地增强，外加电场的频率也随之提高，以跟上粒子的步伐。

粒子束也必须用磁体进行约束，否则粒子就会偏离预定轨迹并击中墙壁。在较大的同步加速器中，长偶极（双极）磁体用于使粒子束弯曲，而四极磁体负责约束粒子束。

现代的同步加速器由一个注入器（通常是一部直线加速器）、一个双极和四极磁体环、束流管（带有保持其高真空状态的泵）和几个射频腔组成。它们都是空心的金属结构，其中形成的电磁驻波，提供了用来加速粒子束的电场。

同步加速器的尺寸从1米左右（用作X射线源）到当今世界最大的大型强子对撞机（周长27千米）。大型强子对撞机占据了一条隧道。这条隧道原本是为早期的一台电子同步加速器——大型正负电子对撞机——挖的。这是为了使粒子束的轨迹曲线尽可能平缓，因为高能带电粒子沿曲线运动时，会发出所谓的同步辐射，从而损失能量。当粒子的速度接近光速时，它的轨迹弯曲度越大，辐射量也就越大。在任何给定的能量下，越重的粒子移动速度越慢，因此质子可以在同步辐射消耗其强度之前被加速到更高的能量。例如，大型强子对撞机可以将质子加速到大约7万亿电子伏特，大约是电子在大型正负电子对撞机能够获得的能量的70倍。

等到粒子达到一定的速度，它们就能派上用场了。在一些加速器中，粒子束轰击固体目标，不过两束粒子束正面碰撞的效率要高得多，大型强子对撞机当中正是如此安排的。碰撞产生了大量的新粒子，巨大的粒子探测器跟踪这些残骸，这样物理学家就可以重现碰撞发生时的情况。

粒子探测器

一些探测器只能探测粒子的数量，还有一些能测量粒子损失的能量。最有用的探测器能揭示粒子的轨迹，就像飞机的路径会因天空中的云迹而为人所见一样。如果再加上一个用来偏转带电粒子路径的磁场，路径探测器还可以提供它们电荷和动量的信息。中性粒子通常是通过它们在探测器中相互作用时产生的带电粒子来检测的。

气泡室是最著名的探测器类型之一。带电粒子穿过室内的过热液体时，会离子化原子，一路触发细小气泡的形成。很多人们熟悉的粒子物理学图片都是 20 世纪 70 年代在气泡室里拍摄的照片。今天大型强子对撞机里的碰撞图片是利用由很多层探测器构成的巨大仪器产生的电信号生成的，每一层探测器都有着协助确定轨迹和识别产生的各种粒子的特定功能（见第 3 章）。

粒子的零件

从 20 世纪 40 年代末开始，物理学家们陆续发现一个又一个新粒子，其中许多粒子是由宇宙射线与高空的原子核碰撞产生的。对宇宙射线副产物的研究揭示了 π 介子、K 介子和 Λ 粒子存在的最早证据。这些粒子高度不稳定，寿命在 10^{-8} 秒到 10^{-10} 秒之间。然后人们发现了 Δ 粒子和 Σ 粒子，以及后来更多的粒子——100 多个看似基本的新粒子，全都不稳定。它们当中大部分都相当重，连同质子和中子一起被统称为强子。粒子物理学家们本来是在寻找物质简单的基本组成部分，结果似乎发现了一个新的亚原子领域，其复杂程度令人惊讶和困惑。

利用粒子加速器在受控条件下模拟宇宙射线的碰撞，物理学家可以对这些粒子进行更加系统的研究。通过这种手段，一种在宏观世界中没有类比的性质被揭示出来，某些强子根据这个性质被打上了不同于其他强子的标记。因为这个性质会导致一些看似奇异的行为，所以这个性质本身就被称为奇异数。在目前提到的粒子中，质子和中子没有奇异数，π 介子和 Δ 粒子也没有奇异数。K 介子、Λ 粒子和 Σ 粒子都有一个单位的奇异数。

在 20 世纪 60 年代早期，美国人默里·盖尔曼和以色列人尤瓦勒·内埃曼分别根据强子的电荷、奇异数和自旋（粒子内禀角动量）对强子进行了分类。

他们发现了八重道和十重道的模式,这反映了一种被称为 SU(3)的数学对称性。

奇异有三

这两个模式中存在着一个缺口,对应一个带负电荷、奇异数为 3 的粒子。物理学家称它为 Ω-,1964 年,纽约布鲁克海文国家实验室的一个研究小组使用粒子加速器发现了它——在他们的气泡室里有一条很短但很独特的轨迹。这表明该理论具有一定的预测能力。但是这些美丽的模式背后隐藏着什么样的规律呢?

SU(3)的数学计算表明,较大的组——八重态和十重态——都是由只有 3 个成员的基本组构成的。或许强子都是由一组更加基础的三种粒子构成的?盖尔曼和另一位美国人乔治·茨威格各自提出,强子确实是由这些基本实体构成的。茨威格称它们为"王牌",不过我们今天使用的名字来自盖尔曼,他显然喜欢詹姆斯·乔伊斯的小说《芬尼根的守灵夜》中"夸克"(quark)一词的发音。

他们需要三种不同类型的夸克,即上夸克(u)、下夸克(d)和奇夸克(s),这又叫作夸克的三种味。和所有带电粒子一样,每种味都有电性与之相反的反夸克。通过把三个夸克结合起来,我们可以得到重子,也就是自旋为 1/2 的强子(比如质子,是下–上–上;或者中子,是下–下–上;或者 Λ 粒子,是下–上–奇)或者自旋为 3/2 的强子(比如 Ω-,是奇–奇–奇)。

或者,我们可以把一个夸克和一个反夸克(电荷和奇异数正好相反)结合起来,得到自旋为"0"或者"1"的强子。它们叫作介子,包括带电 π 介子(上夸克和反下夸克,或者反过来)和带电 K 介子(上夸克和反奇夸克,或者反过来)。

夸克真的是粒子吗

夸克的想法令人难以接受，因为它们的电荷数不是整数。19 世纪，迈克尔·法拉第已经证实，电荷总是某种单位电荷的倍数。1897 年，汤姆森对电子的发现表明这个单位正是电子的电荷。然而新粒子打破了既定的规则，它的电荷是电子的 2/3 或 −1/3。这似乎具有革命性的意义，令许多物理学家怀疑夸克会不会仅仅是数学算出来的人工产物，而不是真正的粒子。

但是夸克的真实性很快得到了实验的支持（见图 1.2）。已经有证据表明，质子和中子不是简单的球形或者点状物体，因为电子从它们身上反弹的方式很复杂。在 20 世纪 60 年代后期，加利福尼亚的物理学家们开展了更深入的研究：他们从斯坦福线性加速器中心 3 千米长的直线加速器中发射出一束电子，对准液氢标靶，测量了散射电子的能量和方向，以图拼凑出质子的样子。电子在每个质子内部都探测到了微小的点状电荷凝聚：这证明质子确实包含更小的部分。最后，在 20 世纪 70 年代早期，日内瓦欧洲核子研究中心的研究人员证实，这些部分携带 −1/3e 和 2/3e 电荷，符合理论物理学家们之前的预测。

1974 年，研究正负电子碰撞的实验发现了第四种夸克存在的证据。这种新的夸克更重，后来被称为"粲夸克"。这个名字有些来历：它的存在非常有效地解决了某些特定的理论问题。在英语口语中，"非常有效地"可以表达为"like a charm"，于是它得名"charm quark"，又由于"charm"一词有"魅力""美貌"之意，它便有了中文名"粲夸克"。第五种更重的夸克，叫作底夸克，于 1977 年出现在美国伊利诺伊州费米实验室的一项实验中。在那里，实验人员正在研究高能质子与目标碰撞产生的 μ 子 - 反 μ 子对。这一次，他们发现了一个比质子重 10 倍的新粒子的证据，这可以解释为一种新的重夸克与它的反夸克结合。底夸克被发现之后，有些人希望把它改名为与"底"（bottom）词首相同的"美"（beauty）夸克，不过最终"美夸克"这个名字虽然有人使用，但是谈不上得到了广泛的认可。最后，在1995年，费米实验室的研究人员发现了第六种夸克，即顶夸克。在顶夸克身上发生了同样的事情：有人希望给它一个与"顶"（top）词首相同的名字，从而不会改变其缩写，而又能够与"美"呼应。他们选择了"真"（truth），结果这个名字接受度还不如"美"，部分原因是，"真"这个字眼在科学和哲学中有着重大的意义，容易让物理学门外汉们误以为这种夸克有什么特别之处。

和奇夸克一样，这三种新的味似乎都有其各自独特的性质。例如，存在一种"粲"介子，它包含一个粲夸克和另一种反夸克。夸克可以从一种变化到另一种，而顶夸克、底夸克、粲夸克和奇夸克都能迅速地衰变为构成普通物质的上夸克和下夸克。

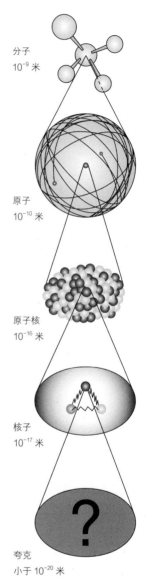

分子
10^{-9} 米

原子
10^{-10} 米

原子核
10^{-16} 米

核子
10^{-17} 米

夸克
小于 10^{-20} 米

图 1.2　俄罗斯套娃：构成物质的粒子

粒子物理学简史

公元前 5 世纪
古希腊哲学家留基伯和德谟克利特推测物质是由不可分的粒子构成的，它们称为原子。

1897 年
约瑟夫·汤姆森发现电子，这是第一种被识别出的基本粒子。

1905 年
爱因斯坦提出光是由不连续的能量粒子构成的，后来这些能量粒子被称为光子。

1947 年
人们在宇宙射线的碰撞产物中发现了 π 介子。这是携带强力的介子的第一个实例。

1937 年
一种质量相当于电子质量 200 倍的粒子在宇宙射线中被发现。后来人们证实它是电子的较重版本——μ 子。

1935 年
汤川秀树提出一种理论，认为一种中等重量的粒子——介子——在质子和中子之间传递强力。

20 世纪 40 年代晚期至 50 年代
物理学家们发现了一系列的新粒子，包括 K 介子、中性 π 介子、Δ 粒子和 Σ 粒子。

1957 年至 1959 年
朱利安·施温格、西德尼·布鲁德曼和谢尔顿·格拉肖都发表了关于弱核力由重粒子携带的理论。他们的工作基于更早的"规范理论"。

1967 年
斯蒂芬·温伯格和阿布杜斯·萨拉姆把电磁力和弱力统一成一种"电弱"相互作用。

1973 年
量子色动力学从夸克、胶子和色交换的角度描述强力。

1908—1911 年

欧内斯特·卢瑟福的团队发现了原子核。

20 世纪 20 年代早期

卢瑟福等人意识到氢原子核——质子——是所有原子核的组成部分。

1923 年

阿瑟·康普顿证实光子的行为像粒子。

1932 年

正电子被发现。詹姆斯·查德威克发现原子核的第二种组成部分：中子。

1930 年

沃尔夫冈·泡利提出 β 衰变中明显缺失的能量是被一种新粒子——中微子——带走了。

1928 年

保罗·狄拉克预言电子应该有一个带正电荷的替身：正电子。

1964 年

默里·盖尔曼和乔治·茨威格各自独立地提出了一种基本粒子。盖尔曼称为夸克。

1964 年

彼得·希格斯第一个明确预言了赋予质量的玻色子——最终这种粒子被赋予了他的名字。罗伯特·布劳特和弗朗索瓦·恩格勒等人也有过类似想法。

1976 年

一种与电子和 μ 子类似，但是更重的基本粒子——τ 轻子——被发现。

1983 年

W 玻色子和 Z 玻色子被探测到。

1995 年

第六种，也是最后一种夸克的味被探测到：顶夸克。

2012 年

希格斯玻色子被发现。

神奇粒子在哪里　**15**

为什么用能量单位表示粒子的质量?

爱因斯坦的相对论告诉我们,质量和能量被公式 $E = mc^2$ 联系在一起。取一个单位的能量,比如 1 焦耳,除以 c^2(c 表示真空光速),你就能得到相应的质量。在粒子物理学中,一个方便的能量单位是电子伏特(eV)——电子(或者质子)穿过 1 伏特的电势差获得的能量。粒子物理学家既用千电子伏特(keV)、兆电子伏特(或者叫百万电子伏特,MeV)或者吉电子伏特(或者叫十亿电子伏特,GeV)等单位描述他们可以用加速器赋予粒子多大能量,也用它们描述那些粒子的静止质量。电子的静止质量是 $511\text{keV}/c^2$,相当于 9.1×10^{-31} 千克。质子的静止质量是 $938\text{MeV}/c^2$,约等于 1.67×10^{-27} 千克。因为能量和质量基本上是等效的,粒子物理学家们往往忽略掉 c^2 这一因数,直接用 MeV 或者 GeV 来表示粒子质量。

2

玻色子的力量

　　两类粒子——夸克和轻子，结合在一起形成了物质。还有一类叫作玻色子的粒子约束着它们，并以其他方式支配着它们的生活。

四种基本力

我们已经知道，宇宙宏大的多样性生发自寥寥几种亚原子积木。与此同样不凡的一项发现是，这些粒子相互作用的方式也只有寥寥几种。有四种基本力：引力、电磁力、强核力和弱核力。到目前为止，粒子物理学还远远未能充分地解释引力——在我们能够制造的粒子碰撞中，引力是极其微弱的——不过它改变了我们对另外三种力的看法。用量子物理学的眼光来看，塑造了我们的世界、指引着每一颗亚原子粒子如何舞动的力，本身也是粒子的作用。

电磁力

我们都感受过电和磁的力量。如果你尝试把两块磁铁的北极抵在一起，你会发现两者之间有一种排斥力。在你的毛衣上摩擦一个气球，再把它举到天花板上，气球会被电力吸在那里。

1785 年，法国物理学家查尔斯·库仑发现带电物体之间的力遵循平方反比定律（就像一个世纪之前牛顿对万有引力的描述一样）。力 F 与两个电荷 p 和 q 的乘积成正比，与它们之间距离的平方 r^2 成反比。

19 世纪，英国科学家迈克尔·法拉第发明了力场的概念。想象一个带电物体悬挂在房间的中央，假设你有另一个具有相同类型电荷的物体，你便可以在房间内的任何一点测量两个物体之间的力。力的方向总是沿着连接两个物体的直线，所以你可以把力的方向画成从中心物体辐射出去的线。

如果我们让铁屑沿着磁力的方向排列，磁铁周围的磁场就会清晰可辨。物理学家也可以用数学的语言描述这些场，用方程给出时空中所有点上力的强度和方向。

电力和磁力是密不可分的。例如，移动的电荷会产生磁效应，而移动的磁极会产生电流。19 世纪中期，苏格兰物理学家詹姆斯·克拉克·麦克斯韦将所有的实验结果以及电学和磁学定律提炼成了单一的电磁学理论：四个描述电磁场整体行为的方程。

然而，麦克斯韦定律不足以详细解释原子和分子之间的反应，或者单个原子的结构及其吸收和发射光的方式。为了解释亚原子层次上的现象，我们必须考虑两个新的因素。原子中的电子运动速度很快，所以它们受到爱因斯坦狭义相对论的制约。另外，这是一个由量子力学统治的领域，它赋予了粒子许多违反直觉的属性。例如，粒子就像波一样，可以同时处于一种以上的状态或者位置。因为电子表现为波，所以它们在绕原子旋转时受限于特定的波长，能量因而也就固定了。

将狭义相对论和量子力学结合起来的电磁学理论是量子电动力学，简称 QED。它是在 20 世纪 20 年代由英国物理学家保罗·狄拉克等人发展起来的，并在 40 年代得到完善。量子电动力学是一种量子场论。电磁场是量子化的，也就是说，它可以被视为粒子或者量子的集合。所有的相互作用都涉及这些量子的发射和吸收。例如，两个电子通过光子的发射和吸收相互作用。这更像是一场量子接球游戏，光子就是球。

然而，有一个重要的区别。量子球的存在只能是暂时的，否则它将违背能量守恒的基本原理。它只能短暂地存在于物理学家所称的虚拟状态中。整个过程必须包括这个虚拟粒子的发射和吸收。

比如在量子电动力学中，两个质子通过交换虚光子来相互排斥。但是，虚光子本身可以交换更多的虚光子，要想计算出力的强度，你必须把每一种可能的粒子交换模式都加起来。美国物理学家理查德·费曼设计的简单图表（见图2.1）直观地展现了这些交换。

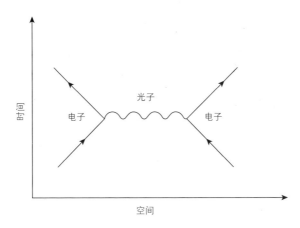

图 2.1　这张简单的费曼图表达的是两个电子通过交换一个虚光子互相排斥

强力

在亚原子尺度上，还有两个力在发挥作用。中子和质子之间必须有一种约束力，否则质子之间强大的电斥力会把原子核炸开。这种力在原子核之外没有可测量的影响，因此，与引力或者电磁学不同，它必须被限制在一个非常小的范围内——只有大约 10^{-15} 米。原子核的结合力大约是质子之间电场力的 100 倍。

它也要复杂得多。加速器实验表明，它并不遵循简单的平方反比定律，而是在最短的距离上表现为斥力，距离增加后表现为吸引力，然后随着距离的进一步增加迅速消失。它也取决于粒子的自旋是如何排列的。或许这并不令人意外。质子和中子是由夸克构成的，它是夸克之间的一种力，这种力间接地产生了质子和中子之间的核力。

夸克有一种类似于电荷的性质，叫作色荷。它与日常意义上的颜色无关，但是它有三种值，分别是红、绿和蓝。就像把三种颜色的光混合在一起会产生白色一样，夸克的三种色荷加起来也会产生无色荷。比如在质子中便是如此，它总是包含一个带蓝色荷、一个带红色荷和一个带绿色荷的夸克。

正如同电中性的原子还是凭借电磁力结合在一起，强力仍然可以令原子核里的质子和中子聚作一团。原子带正电荷的原子核仅仅被它自己的电子云部分屏蔽，与此类似，质子内部带色荷的夸克可以感觉到隔壁质子中夸克的存在。

因为这整套理论是和量子电动力学一样的量子场论，不过涉及的是所谓的色荷，所以被称为量子色动力学，简称 QCD。在量子色动力学中，携带强力的粒子被称为胶子，因为它们把粒子粘在一起。

胶子和光子之间有一个重要的区别。光子不带电荷，因此不会通过电磁力直接相互作用（只能通过带电粒子间接作用）。但是胶子有自己的色荷，所以它们之间可以通过强力相互作用。这限制了强力的范围，使它具有十分独特的行为方式。

当两个带电粒子被拉开时，它们之间的力减小。但是当你把两个夸克分开时，胶子会相互拉，力事实上会变大。据我们所知，单独的夸克永远无法从质子中逸出，它必须始终与其他夸克结合成无色的形式。在碰撞过程中，能量不是以单个夸克的形式物质化，而是以夸克－反夸克对——介子的形式。

只有夸克有色荷。轻子,比如电子,没有色荷,所以它们根本感觉不到强力。

重要的力

- 电磁力的残留效应把电中性的原子结合成分子。
- 电磁力把电子云束缚在原子核周围，保持着原子的完整。
- 强力的残留效应把质子和中子结合成原子核。
- 强力令质子和中子里的夸克结合在一起。

弱力

没有原子核束缚的中子不会永远存在。它很快就会释放出一个电子和一个被称为反中微子的粒子，变成一个质子。物理学家可以用一种叫作弱力的基本力来描述中子的衰变。弱力大约是强力的一万分之一。与人类可以感觉到的引力和磁力不同，它看起来并不像是一种日常意义上的力。不同于其他力在不同尺度上所起的作用——将物质合在一起，弱力的作用是使基本的夸克和轻子从一种类型转变为另一种类型。于是顶夸克可以变成底夸克，或者 μ 子可以变成电子。弱力是唯一能够做到这一点的力。它还会导致放射性的 β 衰变。

弱力的量子场论需要三个载力子。W 粒子和 W- 粒子是带电的，在弱力改变粒子电荷时发挥作用，比如中子衰变为质子时。Z 粒子是不带电的，在没有电荷变化的弱相互作用中发挥介导作用。

弱力的这三种载力子都很重，质量大约是质子或者中子的 100 倍。那么，一个中子是如何发射出比自身重得多的虚拟 W 粒子或者 Z 粒子的呢？答案在于量子的不确定性。量子物理学告诉我们，一个粒子的质量（严格地说是质量 - 能量），甚至是真空中的一点，总是存在一些不确定性。长期来看，这种不确定性很小；但是在短时间内，不确定性很大。一个中子可以凭空产生一个虚拟的 W 粒子或者 Z 粒子，只要这个粒子在足够短的时间内被中子或者另一个粒子吸收。

光子是电磁力的场量子，它的静止质量为 0，所以虚光子可以无限期地存在，并且可以移动任意距离，这意味着电磁力的范围是无限的。但是 W 粒子和 Z 粒子很重，所以不能远离产生它们的粒子。和强力一样，弱力的作用范围很小。

你不可能探测到一个虚粒子。但是在 1984 年，欧洲核子研究中心的研究人员在超级质子同步加速器中对撞亚原子粒子束，创造出了真实的而不是虚拟的 W 粒子和 Z 粒子。这些实验证实了一个惊人的理论预测。20 世纪 60 年代，物理学家谢尔顿·格拉肖、阿布杜斯·萨拉姆和斯蒂芬·温伯格发展了一套弱力的量子场论。该理论表明，在足够高的能量下，电磁力和弱力是一个统一的电弱力的组成部分。因此，当宇宙非常年轻时，宇宙在数十亿摄氏度的温度下充满了高能辐射，W 粒子和 Z 粒子可以像光子一样轻易地被制造出来。

在一个理论中统一两种力的成功鼓舞了物理学家们对"万有理论"的追寻，该理论将能够把电弱力、强力和引力描述成一个基本力的不同方面（见第 9 章）。这种理论也许会揭示时间、空间和质量的本质，并将让人们窥见宇宙鸿蒙之初——所有四种力还无法区分的时刻。

虽然这仍然是一个难以企及的梦想，但是描述电弱力的量子电动力学和描述强力的电子色动力学已经非常强大了。这一理论潜在的对称性（见图 2.2）表明存在着 6 种夸克和 6 种轻子，正如观测结果所证实。它还预测了 W 粒子和 Z 粒子，以及奇怪的玻色子——神秘的希格斯玻色子——的存在。

这张粒子物理学标准模型中粒子的全员花名册解释了所有可见物质和四种基本力中的三种的运作。

玻色子和费米子

粒子必须遵循量子力学定律。比如说，它们拥有类似波的性质——以量子波函数的形式运动，在空间中伸展，随着能量的增加波长变短。

粒子的很多性质被限定为固定的数值。这些性质被赋予了量子数。自旋是其中之一，其取值只能是基本量子值的整数或者半整数倍。自旋在某些方面类似经典世界中的旋转——它表现出角动量——但是它也有着极其量子化的效应。

物质 | 携力子

夸克

费米子

轻子

电荷：+2/3
上夸克 **u**　粲夸克 **c**　顶夸克 **t**

电荷：−1/3
下夸克 **d**　奇夸克 **s**　底夸克 **b**

质量增大 →

电荷：−1
电子 **e**　μ子 **μ**　τ子 **τ**

电荷：0
电子微子 ν_e　μ中微子 ν_μ　τ中微子 ν_τ

光子 **γ**
电磁力

W&Z
弱核力

玻色子

胶子 **g**
强核力

质量之源
希格斯玻色子
H

● 每一种夸克和轻子都有带相反电荷的反粒子与之对应。
● 夸克合成一个介子，要么是三个夸克或者三个反夸克合成一个重子，比如质子和中子。

图 2.2　夸克和胶子能够感受强力是因为它们拥有色荷，但是轻子和其他玻色子则不然

拥有半整数自旋的粒子，比如电子、质子或者夸克（自旋都是1/2），在其波函数中有一种不对称性。这些统称为费米子的粒子无法共享一个量子态，物质世界因此才会如此繁复多彩。这便是为什么把6个质子、6个中子和6个电子放在一起，就能合成一个有趣的、结构化的碳12原子。

拥有整数自旋的粒子，比如光子（自旋为1），叫作玻色子。这个名字来自印度物理学家萨特延德拉·纳特·玻色。玻色子拥有对称的波函数，可以彼此相安无事地处于相同状态。它们无法构成复杂的物质，而是负起了传递力的职责。

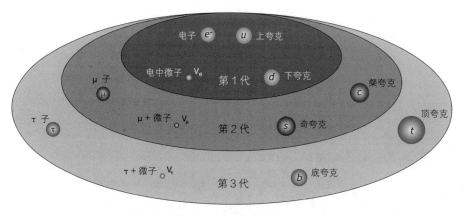

图 2.3 根据味和质量，标准模型中的粒子被分成三个族或者代

为什么宇宙是对称的

一个局外人可能会把物理学看作是方程和粒子的泥沼，但是在那些专业人士眼里，它是对宇宙的优雅描述，总是追求尽可能简单。要明白为什么，你需要理解物理学家所说的"对称性"是什么意思，以及被人们遗忘的数学家艾

米·诺特惊人的洞察力，后者为后来几乎每一项重大根本性发现奠定了基础。

数学家赫尔曼·韦尔是这么定义"对称"一词的："如果你能对一件事物做点什么，而在你做完之后它看起来和之前一样，那么这件事物就是对称的。"比如，一个圆可以旋转任意角度，看起来都一样。

对称性是物理定律核心的观点由来已久。亚里士多德及其同时代的人认为，恒星都被粘在天上的球壳上，而行星都沿着圆形轨道运行。当然，他们错了。但是当牛顿用他的万有引力定律来解释行星的椭圆路径时，他引入了一种新的对称性——看不见的引力之手的对称性。引力从像太阳这样的巨大天体出发，向所有方向施以相等的作用。爱因斯坦精确的引力理论——广义相对论，是建立在一个被称为等效原理的对称性上的：一个物体在引力作用下经历的加速度，与其他原因——比如火箭的推进或者离心机的旋转——造成的同样大小的加速度，没有可辨识的区别。

爱因斯坦的工作令人们对对称性在物理定律中发挥的作用产生了极大的兴趣。数学家戴维·希尔伯特和菲利克斯·克莱因意识到艾米·诺特是一位专家，便在 1915 年邀请她去哥廷根。诺特几乎立即发展出了她的同名定理。用简单的话说，它说的是对称性产生了守恒定律。

诺特定理

守恒定律是物理学的基本原理。它们是数学上的捷径，让我们可以不必重复地计算物理量。不管从哪里入手，你最终都会得到同样的结果。大多数伟大的物理定律都或明或暗地包含了某种守恒的陈述。牛顿第一运动定律粗略地说："运动中的物体保持运动，静止的物体保持静止。"这就是动量守恒。诺特定理（见图 2.4）告诉我们为什么它是正确的。

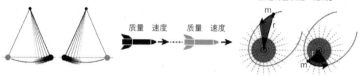

对称性：时间中的转化
基本物理定律不随时间变化。

结果：能量守恒
不管一个单摆摆动多少次，在没有摩擦的情况下，它总会到达同一高度。

对称性：空间中的转化
当你从一处移动到另一处，物理定律不会变化。

结果：动量守恒
在真空中飞行的火箭将一直保持同样的速度。

对称性：空间中的旋转
引力之类的力在所有方向上强度都一样。

结果：角动量守恒
彗星靠近太阳的时候会加速。在给定时间内，彗星与太阳的连线扫过的面积是一定的。

图 2.4 对称性在自然界到处都存在：艾米·诺特在 1915 年提出的理论提供了一种方法，能够将它们转化成可用于计算的定律

想象在一个非常大而光滑的冰湖上放置一枚冰球。无论冰球滑到哪里，湖面都是一样的。把诺特定律应用到那一特定的空间对称性上，它告诉你动量是守恒的（守恒定律只在对称性成立的条件下成立。冰面上的一个洞会破坏对称性，导致冰球沉到湖底）。

什么守恒、什么不守恒，并不总是很明显。在诺特之前，能量被简单地认为是守恒的，这个假设是如此基础，以至于在 19 世纪它被称为热力学第一定律。但是，如果你进行诺特定理相关的数学运算，你就会发现，能量守恒是因为有一个更基本的对称性：具体来说，就是物理定律不会随着时间而改变。如果它们改变了，能量就不守恒了。

诺特定理是令人们在物理学研究中取得进展的一剂良方。如果你在世界的运作中发现了一项对称性，相关的守恒定律便能让你开始有意义的计算。

空间和时间的对称性也许用肉眼就能看出来，但诺特定理真正的力量来自更模糊的"内部对称性"。对于外行人来说，粒子物理学的标准模型仅仅是一张基本力和粒子的列表。但是如果更深入地看，你会发现它是建立在诺特定理的基础上，对内部对称性的一种表达。

就拿电磁学来说吧。詹姆斯·克拉克·麦克斯韦因为在 19 世纪 60 年代将电和磁统一到一个工作模型中而广受赞誉。它的一个假设是电荷既不产生也不消失——诺特定理表明电荷守恒来自对称性。

转个不停

基本粒子有一种叫作自旋的性质，就像在冰冻的湖面上位置不重要一样，自旋的相位不会改变物理计算。把宇宙中的每一个电子都转动一个额外的角度，能量和其他任何东西都不会改变。根据诺特的定理，从这种内部对称性中产生的是电荷守恒。

韦尔进一步发展了相位对称性的概念，他假设每个电子都能被不同程度地扭曲而不改变任何可测量的量。几乎像是变魔术一样，麦克斯韦的四个方程全部出现了。随着标准模型的发展，兴趣对称性变得更加微妙，但诺特定理一直是不断给予的礼物。

驰骋在电线里为电器提供动力的电子，以及每秒钟以万亿之巨的数量穿透我们的身体而不留一丝痕迹的中微子，很难想象这二者在某种意义上都是相同的粒子。中微子主要通过弱力相互作用，而这种力也控制着太阳内部的核聚变。但是弱力与粒子是电子还是中微子无关：把它们调换一下位置，弱相互作用是一样的。这种对称性产生了一种被称为弱异位旋的量的守恒。就像电荷一样，它可以用来标记粒子并预测它们的行为。

在 20 世纪 60 年代，研究人员发现，在后来所谓的电弱理论中，电磁力和弱力实际上可以由一种潜在的对称性产生，这是标准模型的基石（见图 2.5）。高能状态下，对称性没有被破坏，电子和中微子的行为是相同的。在今天已经冷却了的宇宙中，对称性被打破了，电子和中微子的行为因此而改变，另外还有一种新的粒子产生——我们现在知道的希格斯玻色子。

标准模型的另一根支柱是强相互作用，它将单个的质子和中子结合在一起。组成这些粒子的夸克被标上了红色、绿色和蓝色三种色荷之一。把所有的色荷改变一个单位，所有的强相互作用将保持完全相同。这种对称性导致了色荷的守恒，这一原理限制了哪种粒子可以存在，以及哪种衰变过程可能发生。

粒子物理学的新理论是以对宇宙基本对称性的有根据猜测为基础建立的。圣杯是大一统：发展可以用短短几个方程描述一切理论的动力。几十年来，理论物理学家们认为，这种最终的对称应当包括所谓的超对称，所有的费米子都有对应的重玻色子，所有的玻色子都有对应的重费米子（见第 8 章）。创造并观察这些对应粒子的需求是建造大型强子对撞机的主要动机之一。从正确的角度来看，它就是一台观察对称性的大机器。

性别不对等

艾米·诺特的成就得到了广泛的认可，她本人却饱受学术界传统偏见的困扰。1882 年，诺特出生在一个杰出的数学家家庭。她的父亲马克斯是巴伐利亚北部埃尔朗根大学的教授，而她一开始却因为身为女性被禁止在这所大学学习。

诺特最终获得了一个学士学位和一个博士学位，然而仍然没有一所大学愿意聘用她。在接下来的 10 年里，她成了对称性方面的世界级数学专家，但是没有职位、薪水和正式的头衔。甚至在被邀请去哥廷根工作时，工作邀约也是不带薪水的。她以客座讲师的身份服务了 7 年，直到在 1922 年获得了荣誉性的"卓越"教授职位。

与此形成鲜明对比的是，20 世纪 20 年代同在哥廷根的赫尔曼·韦尔，

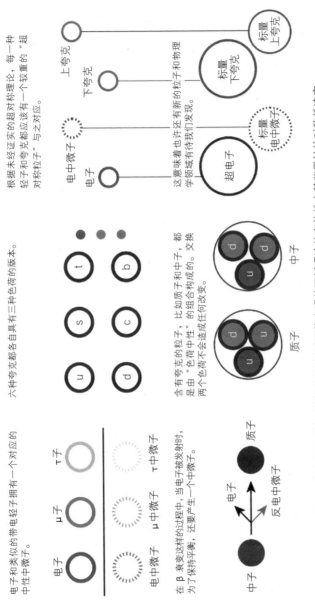

根据未经证实的超对称理论，每一种夸克和夸子都有一个较重的"超对称粒子"与之对应。

这意味着也许还有新的粒子和物理学领域有待我们去发现。

六种夸克都各自具有三种色荷的版本。

含有夸克的粒子，比如质子和中子，都是由"色荷中性"的组合构成的。交换两个色荷不会造成任何改变。

电子和类似的带电轻子拥有一个对应的中性中微子。

在β衰变这样的过程中，当电子被发射时，为了保持平衡，还要产生一个中微子。

图 2.5．粒子物理学标准模型以及以后可能出现的更新理论的有效性由某些微妙的对称性决定

尽管资历不及诺特，却很快获得了杰出教职。"获得这样一个比她还高的职位令我感到羞愧。我知道，作为数学家，她在很多方面都比我强。"他后来评论道。

1933 年，为了躲避纳粹的迫害，诺特离开德国，来到美国宾夕法尼亚州的布林摩尔学院，两年后死于癌症手术的并发症。爱因斯坦在她死后写道："诺特小姐是自从女性开始接受高等教育以来最具创造力的数学天才。"有些人也许会说这句话中"自从"那一部分是多余的。数学家们崇敬她，然而尽管她为现代物理学奠定了基础，物理学家们却倾向于忽视她的贡献。

为什么我们需要希格斯

标准模型（见图 2.2）是我们描述现实的理论当中最成功的。它描述了物质粒子——费米子——如何感受力，以及如何通过其他粒子——玻色子——的交换相互作用。但是几十年来，一个重要的组成部分因其缺失而引人注目：希格斯玻色子。人们认为这种粒子起着两个重要的作用：赋予其他粒子质量，以及解释为什么自然的力呈现它们所呈现的样子。

如果你把物质打破成越来越小的碎片，无论从什么开始，你最终得到的都会是一堆粒子，比如电子和一群夸克——构成质子和中子的、较轻的上夸克和下夸克，及其短命的表亲——奇夸克、粲夸克、底夸克和顶夸克。电子属于另一个由 6 种粒子组成的家族：轻子。该家族其他成员包括它的两个较重的兄弟——μ 子和 τ 子，以及 3 种几乎没有质量、分别与前述 3 个成员结伴的中微子。这 12 种物质粒子统称为费米子，各有一种除电荷相反外完全一致的反粒子。就是这些。就我们所知，物质不能进一步被分解了。

这一整洁的模式符合实验结果，但是隐藏了一个复杂的问题。所有物质粒子都有一种叫作"质量"的性质——对速度和方向改变的抗拒。它们的质量范围跨越了 11 个数量级，从轻量的电中微子到巨大的顶夸克（见图 2.6）。这些质量来自哪里——为什么它们如此不同？

这个问题的意义远远超出了在粒子物理学领域为粒子列名单。如果没有什么东西来提供质量，就不会有我们所知道的物质。无质量的夸克和电子会以光速永远运动，不可能接受束缚组成质子、中子和原子。

根据标准模型，费米子通过被称为玻色子的其他粒子传递的力相互作用。光子依附于电荷并携带电磁力，而胶子感受到色荷产生强核力。

至于标准模型的第三种力，弱核力……嗯，它很弱，但是如果没有它，令太阳和其他恒星光芒万丈的放射性衰变就不会发生。它之所以那么弱，是因为它的载体 W 玻色子和 Z 玻色子拥有非常大的质量——几乎是质子质量的 100 倍。制造这样的粒子需要很多能量。在正常情况下，如果可以的话，物质粒子更倾向于通过交换无质量的光子来相互作用。

在非常高的能量下——例如，在宇宙最初的那一刹那，或者在强大的粒子加速器的碰撞中——这种差异会消失。W 粒子和 Z 粒子变得无质量，就像光子一样，而在我们的日常体验中，如此迥异的电磁力和弱力变成了统一的电弱力。

电弱力分裂成电磁力和弱力的过程被称为电弱对称性破缺，这一定发生在宇宙早期的某个时刻。不管是什么引起的，这都与神秘的质量有关。毕竟，这也正是 W 玻色子和 Z 玻色子获得质量的机制。

会发生对称性破缺的不只是奇异的力。一个日常的例子是液体冷却成固态晶体。在这一情形中，一个大致对称的状态（液体中的一切在所有方向上看

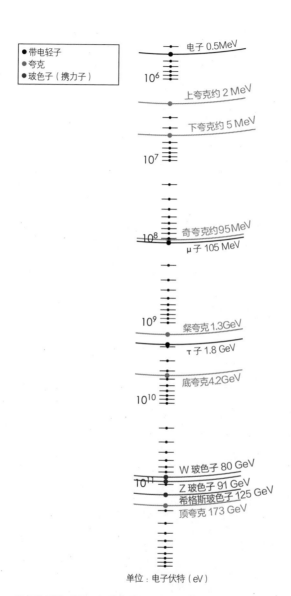

图2.6　基本粒子的质量。三种中微子（电中微子、μ中微子和τ中微子）的质量非常小，比1电子伏特还小得多，没有在这张图上展现出来。光子和胶子没有质量

起来都是一样的）被一个不太对称的状态所取代。在这个状态中，事物在不同轴向上看起来明显不同。

20 世纪 60 年代，粒子理论物理学家们开始怀疑，用来描述这种对称性破缺的工具是否可以应用于冷却中的宇宙。这不是一件容易的事。固体或者液体中的分子相互作用可以通过参考一组固定的坐标来定义，但是根据爱因斯坦广义相对论的时空扭曲，宇宙中不存在这样的标准参照系。

1964 年，比利时理论物理学家罗伯特·布劳特和弗朗索瓦·恩格勒提出了一种量子场的方程式。这种场能够以一种符合相对论的方式打破对称性，从而使粒子获得质量。英国物理学家彼得·希格斯也提出了同样的建议。他指出，这个场中的褶皱会以新粒子的形式出现。同年晚些时候，杰拉尔德·古拉尔尼克、卡尔·哈根和汤姆·基布尔把这些想法结合成一个更现实的理论，这便是标准模型的前身。

希格斯场的关键在于，就连空间的最低能态也不是空的。在空间中运动的粒子与场有不同程度的相互作用，这就给它们的运动创造了一种"黏性"：质量。W 玻色子和 Z 玻色子通过与这个场的一种相互作用获得质量，而费米子通过另一种相互作用获得质量。因为希格斯场没有净电荷或者色荷，光子和胶子根本不与之相互作用，便保持着无质量。

这是一个巧妙的设想。为了查明它是否成立，我们需要给这个场狠狠的一击，让它晃动起来，从而显露真容。这些晃动可以使希格斯玻色子被观察到。理论和实验的发展让我们对所需的能量有了一个准确的估计：希格斯玻色子的质量必须在 1000 亿到 4000 亿电子伏特之间。我们需要一部真正巨大的粒子加速器。

夸克–胶子火球的声音是什么样的？

实验室里制造过的最热的物质发出一种诡异的嗡鸣声。与此差不多的声音也许曾经回荡在大爆炸刚刚过后的宇宙中，那个时候，太空还是一大锅炽热翻腾的物质浓汤。

这种实验室物质是在美国纽约州阿普顿的相对论重离子对撞机里创造的。这部加速器将金粒子碰在一起，打碎原子乃至构成原子的质子和中子，令其破解成更小的夸克和胶子。产生的火球——叫作夸克–胶子等离子体——温度高达数万亿摄氏度，模拟出了宇宙诞生一百万分之一秒时的状态。随着这一"小爆炸"产生的火球冷却，单独的夸克和胶子结合成各式各样的大粒子。

纽约布鲁克林普拉特学院的物理学家阿涅斯·默克希及其同事计算出了，对于在其内部的一个观察者而言，这团夸克和胶子构成的火球会发出什么样的声音。通过分析大约 300 万次碰撞得到的测量结果，团队确定了火球的总体聚集程度——也就是它们的粒子分布得有多么紧密。

密度的起伏就相当于声波，因此研究者们研究了粒子的分布如何随时间演变，来确定声音如何变化。接下来，他们必须把声音的波长乘以大约 1000 亿亿，才能使其进入人类的听力范围。在得到的音轨中，随着火球的膨胀，以及密度降低造成的声速变化，低音越来越占据主导地位。大约在一半的位置出现了一次声调的起伏，标志着夸克和胶子重新结合，组成了从质子到 π 介子在内的各种粒子。

在如下网址，你可以收听这条音轨：www.newscientist.com/article/dn18998-what-does-the-hottest-matter-evermade-sound-like/。

③

希格斯制造机

  瑞士日内瓦附近的大型强子对撞机是有史以来最大的物理实验装置。通过研究与大爆炸早期相近的条件，它可以解决一些科学上最深奥的谜团，并把我们带入粒子物理学的新领域。它在 2008 年 9 月投入使用，4 年后揭开了标准模型的最后一部分——希格斯玻色子。

大型强子对撞机简介

跨越法国和瑞士边界的大型强子对撞机被设计用来回答一些关于宇宙的最深奥的问题。质量的起源是什么？为什么我们是由物质而不是反物质构成的？暗物质是由什么构成的？关于宇宙最早期的环境——当时四种自然力还被统一为一个超力，大型强子对撞机也可以提供一些线索。

为了找到这些问题的答案，大型强子对撞机在一条圆形隧道里把质子加速到光速的 99.9999991%，然后在环上的四个位置将它们击碎，每个位置都被一部巨大的探测器包围着。碰撞能量是 14 万亿电子伏特，是其前身——美国伊利诺伊州巴达维亚的费米实验室——的 7 倍之多。

在日常生活中，这点能量并不算大。一只飞行中的蚊子便有大约 1 万亿电子伏特的动能。大型强子对撞机的特别之处在于，这些能量集中在一个不到一粒尘埃的 1 万亿分之一的区域。大型强子对撞机的能量密度之大，使它重现了类似大爆炸之后 10^{-25} 秒时的情况，也就是塑造我们宇宙的粒子和力刚刚形成的时候。掌握了那么大的能量，大型强子对撞机应该能够创造出实验室里前所未见的大质量粒子。

没错，它已经成功地发现了希格斯玻色子——人们认为其他所有基本粒子质量都是这种粒子赋予的。但是物理学家们还希望有更多的发现，包括将为建立超越现有标准模型的新物理学指明道路的超对称粒子。最轻的超对称粒子也是暗物质的一个有希望的候选者。暗物质是一种不可见的实体，被认为占宇宙总质量的 80% 多。一些理论物理学家推测还有更多古怪的发现有待大型强子对撞机揭开，包括更多维度、迷你黑洞、新的力以及比夸克和电子还小的粒子。尽管大型强子对撞机还未曾取得这些成果中的任何一个，但它们仍有可能在未来几年内出现。它还在寻找物质和反物质之间的细微差别，研究一种被称为夸克－胶子等离子体的奇异物质状态，这可能会揭示，大爆炸火球中的夸克和胶子是如何凝结成了我们今天看到的质子和中子。

大型强子对撞机或者其他粒子加速器会制造出吞噬地球的黑洞吗？

2008 年，美国的活动人士试图推迟大型强子对撞机的启动，声称它可能会产生毁灭整个地球的小型黑洞。这样的机器真的有可能产生黑洞吗？

答案是否定的。如果大型强子对撞机中产生了黑洞，它们将在 10^{-26} 秒内蒸发，这一过程是由英国物理学家斯蒂芬·霍金首次描述的。即使霍金是错的，也就是说黑洞不会蒸发，我们也有理由感到安全。来自外太空的宇宙射线携带的能量要远大于大型强子对撞机产生的能量，而且数十亿年来一直与太阳系的行星发生碰撞，没有造成任何问题。更重要的是，宇宙射线的碰撞远远多于大型强子对撞机的碰撞。木星、土星或者月球并没有被黑洞吞噬。

超级机器的建造

长 27 千米的大型强子对撞机是世界上最大的机器。它将质子束加速到接近光速，并在每秒内令它们迎头相撞 6 亿次。然而大型强子对撞机最显著的特征也许是它的温度。大型强子对撞机的温度只有 1.9 开氏度（也就是零下 271.25 摄氏度），是宇宙中与之体积相当的物体当中最冷的……除非某个外星文明建造了一台更冷的。

如果没有这蚀骨的极寒，大型强子对撞机可能会遭遇超导超级对撞机一样的命运，后者在 20 世纪 90 年代初走上了成为世界最强大加速器之路。超导超级对撞机的设计是让质子以 40 万亿电子伏特的能量相互撞击。这需要超导磁体产生的强磁场来弯曲和聚焦粒子束（见第 1 章）。超导超级对撞机团队决定不去推进相关技术，而选择了一种已经在其他加速器中得到应用的超导磁体。这种磁体由液氦冷却至 4.5 开氏度（也就是零下 268.65 摄氏度）。这些磁体很强大，但还是比不上为大型强子对撞机研发的那些更冷酷的家伙——这被证明是一个致命的弱点。较弱的磁体无法将高能粒子的路径弯曲成一个足够小的圆，因此超导超级对撞机的隧道周长必须达到 87 千米。建造那么大一台机器的成本很高，超导超级对撞机在 1993 年被美国政府下马。超导超级对撞机在得克萨斯州沃克西哈奇附近部分完成的隧道现在被废弃了。

为了避免类似的失败，位于瑞士日内瓦附近的欧洲核子研究中心决定将大型强子对撞机塞进现有的一条位于地下 100 米深处的隧道中。这条隧道是在 20 世纪 80 年代为大型正负电子对撞机建造的。人们往往把它说成环形，但它实际上更像个圆角的八边形。设计人员选择了一个没那么有野心的峰值能量：14 万亿电子伏特——仍被认为足以带来丰富的物理学发现——和新一代铌钛超导线圈。将这些线圈冷却到 1.9 开氏度，它们便可以传输更大的电流，产生机器所需的超强磁场。不过这也是有代价的。在那个温度下，液氦变成了超流体，可以毫无黏滞地滑过微小的裂缝，所以管道系统中成千上万的焊缝必须达到核电站的标准。

大型强子对撞机是被黄鼠狼搞垮的吗？

不——其实是一只石貂。那是在 2016 年 4 月 26 日，星期五的早上，这个生物咬坏了一台 66 千伏的变压器，导致整个欧洲核子研究中心断电。

一开始在日志里，它被称为鼬鼠，后来被更准确地确定为石貂。这种动物与鼬鼠算是亲属，不过体形较大。对撞机花了一个星期才恢复工作。那只石貂则永远地停止了活动。

这一事件让人想起了 2009 年一则被广泛报道的故事：一只鸟把一块法式面包掉在了大型强子对撞机的一个变电站上，导致了它的断电——然而这件事从未得到证实。

超环面仪器和紧凑 μ 子线圈

供粒子束飞行的通道只是这部伟大机器的一部分。为了弄清楚粒子碰撞时会发生什么，人们在圆环周围安装了四台探测器（参见下面的"探测器故事"）。超环面仪器是其中最大的一个，它重达 7000 吨，用来追踪从碰撞中飞出的粒子。这些粒子当中最重要的是 μ 子，测量它们动量的方法是在磁场中弯曲它们的路径。由于大型强子对撞机的强大能量，这些 μ 子比以前对撞机产生的那些更高能、更迅速，所以磁场必须非常强，于是超环面仪器装备了世界上体积最大的超导磁体。

为容纳这个庞然大物而挖掘的洞穴必须有 35 米高。由于容积太大，在周围密度更大的岩石中间，它就像水中的气泡一样上浮，尽管速度极其缓慢。它每年向上移动约 0.2 毫米，地板必须厚达 5 米，以确保它不会在上升时翘曲。

为了交叉验证超环面仪器的发现，还有一个名为"紧凑 μ 子线圈"的"一把抓"捕捉实验使用不同的技术寻找相同的粒子。它也给建设者们提出了挑战。当质子在探测器内碰撞时，余波会轻微地干扰其他质子在环内的运行路径。为了尽可能地减轻这种影响，探测器之间的距离必须尽可能地远，因此紧凑 μ

子线圈被安置在了与超环面仪器恰好相对的位置，位于侏罗山脉的底部。这很麻烦。首先，工程师们必须挖两口 60 米深的竖井，一口用来安装电梯，另一口用来下放探测器。然而他们发现，这片区域由松散的砾石沉积物组成，当中有水流过——挖掘无望。于是他们冻结了地面。

他们钻出了一系列的管道，并在其中循环零下 5 摄氏度的盐水。然后，在一个月的时间内，他们令管道里充满了零下 196 摄氏度的液氮。这就形成了一层 3 米厚的冰质挡墙，防止地下水在工人挖掘干土的时候流入。

与此同时，紧凑 μ 子线圈的工程师们在研制世界上最强大的超导磁体，其强度是超环面仪器的两倍。这个重达 1 万吨的磁体是由超导线圈构成的，而磁体 4 特斯拉的磁场（大约是地球磁场强度的 10 万倍）产生的外扩力相当于 60 个大气压，线圈必须能够承受得住。没有一家公司，也没有一个国家能够完成这项工作，因此磁铁的线圈历经 8 年完成了一次欧洲之旅，从芬兰开始，经过瑞士、法国和意大利，最后到达欧洲核子研究中心。

至关重要的是，整个大型强子对撞机和它的探测器必须从一开始就能够顺利运行，因为一旦系统启动并运转起来，修理它们就远远没有那么容易了。修理意味着让大型强子对撞机恢复到室温，这需要大约 5 周的时间。之后，它 4 万吨的磁体将需要冷却至 1.9 开氏度，这一过程又需要 5 周时间，需要近 1 万吨液氮和 130 吨超流体氦。毫不奇怪，质量控制必须非常严格。

如果说大型强子对撞机的硬件本身是革命性的，那么收集、检查和存储结果数据的计算机系统也不遑多让。每一次高能碰撞都会喷射出大量的粒子，这些粒子需要被追踪和识别。全部记录是不可能的，所以智能软件进行了取舍，丢弃了超过 99.99% 的碰撞。即便如此，大型强子对撞机的四个实验每年也将产生 1500 万吉字节的数据。为了应对这一冲击，工程师们不得不创建迄今为止最复杂的数据处理和分析系统之一——全球大型强子对撞机计算网格，它连接了 40 多个国家大约 170 个计算中心。

探测器的故事

大型强子对撞机的四个大型探测器（ATLAS、CMS、LHCb 和 ALICE）都是同轴圆筒结构。离碰撞点最近的圆筒由半导体制成。当一个带电粒子通过这种材料时，它释放出原子周围束缚比较松散的电子，形成一种显示粒子路径的电流模式。探测器周围的磁体使带电粒子的路径发生弯曲，而弯曲的程度显示出粒子的动量。

下一层圆筒主要是基于液态氩（在超环面仪器中）或者钨酸铅（紧凑μ子线圈）的探测器。在这些探测器中，由于撞上了密集排列的原子，大多数粒子的运动被阻止，并产生了光子。这些光子可以用来测量每个粒子的能量，从而识别它们。

这些探测器阻止不了μ子，它们要由更外层圆筒中的专用探测器识别和测量。与其他粒子相互作用很弱的中微子根本不会被探测到。人们要将碰撞中产生的所有其他粒子的动量加起来，并观察有没有什么东西得不到解释，才能推断出中微子的存在。

许多同时发生的质子相撞的产物会以接近光速的速度飞离，有待仔细研究的碰撞需要尽快被挑选出来，因为再过 25 纳秒，便会有另外一群质子在探测器的中心碰撞。

在进入大型强子对撞机的主环之前，
质子或者粒子要先经过一系列用来把它们加速到更高能量的机器。

第一步
这一步发生在地上，是把氢气原子的电子剥离，制造出质子。它们在一个线性加速器中被加速到光速的31.4%，然后进入加速器链。

加速环
这一步把质子加速到光速的91.6%，然后送入直径200米的质子同步加速器。

质子同步加速器
这部历史超过50年的机器把质子加速到光速的99.93%（能量为250亿电子伏特）。

超级质子同步加速器
位于地下40米处的超级质子同步加速器把质子加速到光速的99.9998%（能量为4500亿电子伏特）。它将质子从顺时针和逆时针两个方向送入大型强子对撞机。

大型强子对撞机
被设计用来将质子加速到光速的99.9999991%（能量为7万亿电子伏特）。离束在4个实验区域对撞。

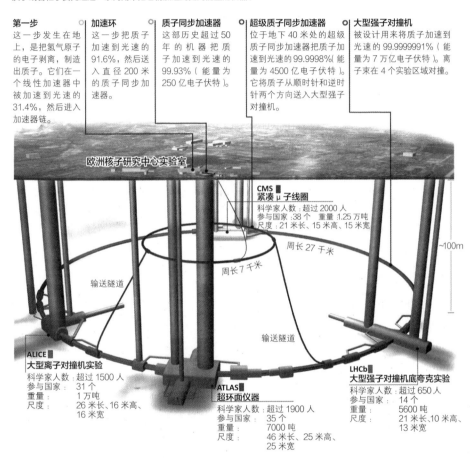

欧洲核子研究中心实验室

CMS
紧凑μ子线圈
科学家人数：超过2000人
参与国家：38个　重量1.25万吨
尺度：21米长、15米高、15米宽

周长27千米

周长7千米

~100m

输送隧道

输送隧道

ALICE
大型离子对撞机实验
科学家人数：超过1500人
参与国家：　31个
重量：　　　1万吨
尺度：　　　26米长、16米高、16米宽

ATLAS
超环面仪器
科学家人数：超过1900人
参与国家：　35个
重量：　　　7000吨
尺度：　　　46米长、25米高、25米宽

LHCb
大型强子对撞机底夸克实验
科学家人数：超过650人
参与国家：　14个
重量：　　　5600吨
尺度：　　　21米长、10米高、13米宽

图3.1　大型强子对撞机加速朝相反方向运行的质子（或者铅离子）束，让它们在4个地点迎头相撞，巨大的探测器在那些位置分析碰撞产生的碎屑

采访：掌管世界上最大实验的女人

意大利物理学家法比奥拉·吉阿诺蒂于 2016 年成为欧洲核子研究中心的总干事。2009 年，就在她接任超环面仪器负责人之前，《新科学家》杂志采访了她。

你为什么决定成为一名粒子物理学家？

我是从与物理几乎没什么关系的领域转行过来的。当我还是个小女孩的时候，我喜欢艺术和音乐。我曾在一所音乐学院刻苦学习钢琴，高中时选择的课程包括文学、古希腊语和拉丁语等语言、哲学和艺术史。我喜欢这些科目，但我也是一个非常好奇的小女孩。我被那些大问题吸引住了。为什么万事万物是这个样子的？回答基本问题的可能性一直吸引着我——我的思想，我的精神，我的一切。所以当我不得不选择自己的人生方向时，我认为物理学可以比哲学更具体地回答这些大问题。我想对了，因为我现在很快乐。

你对成为大型强子对撞机粒子物理实验的首位女性负责人有什么想法？

欧洲核子研究中心是一个如此丰富的环境：这里有来自世界各地的人，年轻的学生与著名的科学家还有诺贝尔奖得主一起工作。所以地域、年龄和性别在这里无关紧要。我并不觉得女人领导一个大型科学项目有什么特别的。另外，作为一名在超环面仪器这样的大型实验中获得了一定知名度的女科学家，我希望我可以给那些考虑投身科学事业的年轻女性带去鼓舞。

麻烦介绍一下超环面仪器的大小和范围。

有来自 169 个机构的近 3000 名物理学家在这里精诚合作。它是迄今为止在粒子对撞机上建造过的最大的探测器。参观它所在的地下洞穴时，人们会立即被它壮观的体积所震撼——它有五层楼那么高。除了规模，它还有着宏大的复杂性。我们需要记录1亿个独立的电信号，以重建质子对撞中产生的数百个粒子。粒子的运动轨迹必须精确到微米级。惊人的规模、复杂性和精确性给我们带来了巨大的技术挑战。超环面仪器和大型强子对撞机的其他探测器都是史无前例的仪器。

超环面仪器的主要目标是什么？

超环面仪器将筛查由高能质子碰撞产生的粒子。我们正开始一场奇妙的科学之旅。我们相信，在这样的能量尺度下，新的物理学应该会出现，超越所谓的标准模型（它解释了所有已知的粒子和作用于它们的力）。我们希望找到一些基本问题和谜团的答案，其中许多问题已经困扰了我们几十年。例如，质量的起源是什么？这个问题与希格斯玻色子的存在有关。除了我们已知的四种自然力之外，还有其他自然力吗？还有更多的空间维度吗？宇宙中的暗物质是由什么构成的？

你个人希望超环面仪器首先发现什么？

暗物质。如果我们发现了能让宇宙20%的成分得到解释的粒子，我会非常非常高兴。像大型强子对撞机这样的加速器让我们能够研究极致的小——物质的基本成分，这可以让我们了解宇宙的结构和演化，凸显了极致的小和极致的大之间的联系。

你有没有想过如果大型强子对撞机没有做出新的物理学发现会怎么样？

这是个好问题，但是很难回答。根据我们从过去几十年的实验和理论工作中学到的，在大型强子对撞机能够提供的能量尺度上，一定会有一些新的东西。也许只有一个希格斯玻色子，或者有一个新的机制扮演同样的角色，但是我们还有着更多的期待。我们知道标准模型并非完整的基本粒子理论，因为它回答不了我们所有的问题。我们预计它将在大型强子对撞机的能量级别上开始失效。那里一定有新的物理学。也许它们不是我们心中所想的答案，但是肯定会有答案。大自然很可能会给我们带来惊喜，这将是最令人兴奋的可能性之一。毕竟，所谓研究，无非就是寻找我们原先不知道的东西。

在超环面仪器工作是什么感觉？

大型强子对撞机和超环面仪器之类实验装置的建造是一场史无前例的科学、技术和人文开拓。作为一名科学家，我在欧洲核子研究中心的生活如此特别的原因主要有三点。一是激动人心的物理科研目标。二是，为了解决这些问题，我们必须开发高科技仪器。这些仪器汇集了各个领域的前沿技术，从电子到低温，还能对社会产生附带效益。三是，这些项目是在国际环境下开展的，我们有来自世界各地的物理学家、工程师和技术人员，通过科学把各国联系在一起，打破政治障碍。在我们的项目中，有些人员分别来自历史上的非友好国家。

大型强子对撞机和超环面仪器可能揭示一些关于宇宙如何运行的深刻真相。想到这一点时，你有什么感受？

当然是兴奋的感觉，以及意识到我们距离对人类来说非常重要和伟大的东西已经非常近了。基础研究是人类的责任和需要。13世纪的意大利诗人但丁说过，我们的存在不是为了像动物一样活着，而是为了追求美德和知识。对基础研究和知识的追求是我们的需要，这将我们与动物或者蔬菜区分开来。这就像对艺术的需求。研究带来知识，知识带来进步，向来如此。

如果我们在大型强子对撞机上发现一些基本的东西，那就有点像是进入宇宙的中心。在你越来越接近基本原理，接近宇宙从何而来、往何处去这样的基本问题时，你会有一种非常特别的感觉。

大发现

2012 年 7 月，大型强子对撞机团队宣布他们终于发现了希格斯玻色子——不过他们并没有直接观察到它。希格斯玻色子是短命的，几乎在瞬间衰变为其他粒子。要推断它的存在，你必须测量那些衰变产物，并证明它们来自希格斯玻色子。

希格斯玻色子真的应该叫这个名字吗？

2012 年，一个物理会议的组织者要求将希格斯玻色子改称为 BEH 或者标量玻色子。名字的改变可能看起来很深奥，但这暗示了复杂的过往以及确定这个粒子的发现应该归功于谁的困难。

要想理解这个问题，我们要把时间倒回 50 多年前。与大多数科学进步一样，这个难题的解决并不是由某个人单枪匹马实现的。1961 年，芝加哥大学的南部阳一郎的研究工作引出了这样一个观点：在早期的宇宙中，一个提供质量的场横空出世，而在那之前，宇宙中只充满了无质量的粒子。

1964 年 8 月，比利时布鲁塞尔自由大学的罗伯特·布劳特和弗朗索瓦·恩格勒（布劳特和恩格勒便是 BEH 中的"B"和"E"）解决了理论中的一些问题，并详细阐述了一种机制。然而首次明确预测了我们现在称为希格斯粒子的，是英国爱丁堡大学的彼得·希格斯——在 1964 年 10 月发表的一篇论文中。

这一过程解释了为什么会有人提出"BEH 玻色子"选项。但是另一些人倾向于取一个不具名的名字——标量玻色子，或者复杂一点——BEHHGK 玻色子，这个名字含有对迪克·哈根（Dick Hagen）、杰拉尔德·古拉尔尼克和汤姆·基布尔贡献的认可，他们在 1964 年发表了一篇关于质量传递机制的论文。

还有人指出，粒子的命名似乎都挺将就的。"这跟名字由一个委员会精挑细选的元素不一样。"得克萨斯大学奥斯汀分校的诺贝尔物理学奖得主斯蒂芬·温伯格说。携带弱力的 Z 玻色子就是他命名的。

幸运的是，关于希格斯粒子，标准模型预测了我们需要知道的一切，不只是精确的质量。对于每一个可能的质量，我们都可以预测大型强子对撞机应该产生多少颗粒子，以及它们将衰变成什么。例如，希格斯粒子有时候应该会衰变为一对高能光子。光子对有许多可能的来源，但是如果我们重点关注那些看起来可能源自希格斯玻色子的，并在直方图上标出它们的合计动量，便会有一颗被称为"隆起"的未知粒子凸显出来——与特定质量相对应的过量事件（见图 3.2）。这正是

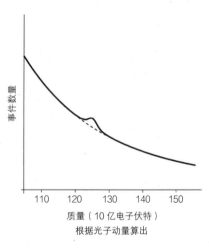

图 3.2 通过测量大型强子对撞机中碰撞产生的光子对的动量，揭示出一个可疑的突起——一种新粒子的证据

超环面仪器和紧凑 μ 子线圈在大约 1250 亿电子伏特的质量上看到，并于 2012 年 7 月 4 日向世界宣布的希格斯玻色子。

这并不是唯一的证据。根据预测，希格斯玻色子有时也会衰变为两个 Z 玻色子，每个 Z 玻色子进一步衰变为两个轻子。这些轻子的动量加和产生了与光子数据相同质量的峰值。以 W 玻色子为产物的衰变也能提供证据。W 粒子衰变为中微子，而中微子是无法探测到的，所以在这种情况下没有明确的质量突起。不过，我们观察到的 W 粒子衰变要比预期的希格斯玻色子不存在的情况下多。

事实上，新粒子衰变为 W 玻色子和 Z 玻色子的速率与标准模型对希格斯粒子的预测大致相同。所以我们掌握的观测数据足以令我们认为它差不多就是希格斯玻色子。但是我们仍然不能确定它是不是标准模型所预测的希格斯粒子，甚或是更有趣的东西。

自 2015 年大型强子对撞机再次启动以来，它一直在探索这种新粒子的几个特性。虽然我们相当肯定，新粒子会像标准模型对希格斯粒子的预测，衰变为携带力的玻色子，但是对于产物为制造物质的费米子的衰变，我们就不那么肯定了。升级后的大型强子对撞机一直在测量这些产物为底夸克、τ 子甚至 μ 子的希格斯衰变。

最有趣的问题与粒子的质量有关。在标准模型中，希格斯粒子与自身以及周围粒子之间的相互作用似乎意味着它应该有巨大的质量。大型强子对撞机发现的粒子却要小得多。人们可以通过"微调"标准模型来恢复秩序。调整事物，使两个大的数字几乎（但不完全）相互抵消，留下一个小质量的希格斯粒子。许多人对这个修正不满意，认为它让这个理论显得有点不自然。这个问题的一个流行解决方案是超对称性，即通过费米子和玻色子之间的对称性扩展标准模型。超对称性至少会产生5种不同的类希格斯粒子。然而到目前为止，在大型强子对撞机中还没有发现超对称粒子的迹象，造成一些人对这个解决方案产生了怀疑（见第8章）。希格斯粒子较轻的问题仍然是个谜。它甚至可能给我们的宇宙带来灾难（见第7章）。

黑暗希格斯

被认为赋予了其他粒子质量的希格斯玻色子也可能是暗能量的来源。暗能量是一种奇怪的力量，正在导致宇宙越来越快地分崩离析。

当希格斯玻色子被发现时，研究人员希望能在它的行为中观察到一些异常，使他们能够用新的理论替换掉无法解释暗物质等现象的粒子物理学标准模型。到目前为止，它一直都循规蹈矩得令人沮丧，不过也许它的存在本身就提供了通往新物理学的道路。

标准模型的场产生了一定的能量密度。这种能量密度渗透到宇宙中，使宇宙以越来越快的速度膨胀。比起我们通过观测星系相互远离测量到的暗能量的值，这一暗能量密度要大得多。

希格斯粒子如何解决这个难题？与标准模型中的其他场不同，希格斯场是标量场——它的作用没有特定方向。甚至在希格斯粒子被发现之前，位于坦佩的亚利桑那州立大学的物理学家劳伦斯·克劳斯就一直在怀疑，是否存在其他可以与希格斯粒子相互作用的标量场。

克劳斯和拉法耶特路易斯安那大学的詹姆斯·登特设计了一个能够做到这一点的新标量场。标准模型认为，所有基本力的场在极高的能量状态下应该会合并，这意味着存在一个统一的、高能量的场。新标量场的能量密度为0，但它可以利用希格斯粒子连接到这个高能场，在这个过程中获得自身的能量。

精确的量由"跷跷板机制"决定：一个场的能量上升，另一个场的能量便会下降。由于统一场能量如此之大，所以新标量场能量将非常小。克劳斯和登特发现，它正处于适合解释暗能量的量级。

采访："上帝粒子"背后的人

彼得·希格斯是英国爱丁堡大学物理学荣誉教授。1964年，他与布鲁塞尔自由大学的罗伯特·布劳特和弗朗索瓦·恩格勒共同提出了一种新的粒子，可以用来解释其他基本粒子是如何获得质量的。2013年，他与恩格勒共同获得了诺贝尔物理学奖。2012年，他的同名粒子被发现一周后，《新科学家》杂志采访了他。

希格斯玻色子被发现的消息有没有让你感到意外？

在这一切发生前一周，我在西西里的一所物理暑期学校。我没有带瑞士法郎，我的旅行保险在我应该飞回爱丁堡的那一天到期了。随着时间的推移，流言开始满天飞，但是直到宣布消息的那个星期六，我们才确切地知道有事情发生。我们接到了欧洲核子研究中心前理论物理负责人约翰·埃利斯打来的电话。他说："告诉彼得，如果他周三不来欧洲核子研究中心，他很可能会后悔。"我说："好啊，那就去呗。"

你当时感觉如何？

非常兴奋。好消息是在欧洲核子研究中心研讨会的前一天晚上得到最终确认的。我们在约翰·埃利斯家吃晚饭，他开了一瓶香槟。

上周三在研讨会上宣布这一消息时，那显然是一个激动人心的时刻。

在研讨会上，一位记者问我为什么在演讲结束后突然哭了起来。在演讲过程中，我仍然在心理上与这一切保持着距离，但是当研讨会结束时，就像在一场足球比赛中主队获得了胜利。人们纷纷为演讲者起立鼓掌，又是欢呼又是跺脚的。人们的热情仿佛浪涛一般击倒了我。

你是怎么庆祝的？

在回伦敦的航班上吹了一罐"伦敦骄傲"麦酒。

48年前，你提出了一种解释质量存在的机制，在那个过程中预测了希格斯玻色子。但是你关于这一课题的第一篇论文遭到了拒绝，你的许多同行一开始都认为你的想法是错的，斯蒂芬·霍金打赌说玻色子不会被发现。你觉得自己被证明了吗？

是的，嗯，有时候说对了的感觉也是蛮不错的。刚开始的时候，我没期望能在有生之年看到这件事情发生。随着大型对撞机——大型正负电子对撞机、万亿电子伏特加速器以及现在的大型强子对撞机——被一一建成，情况开始发生变化。一开始，没有人知道希格斯玻色子的质量是多少，它也许太重了，所以这些对撞机发现不了。

你曾经怀疑过这个粒子的存在吗？

不，没有怀疑过。它对机制的一致性至关重要。作为一种理论演练，你可以把这种粒子移除，但是接下来理论就解释不通了。我对这个机制背后的理论很有信心，因为它的其他重要方面都在一代代对撞机中得到了详细的验证。如果整幅图景剩下的部分不存在，那将是非常令人惊讶的。

人们提出了几种类型的希格斯粒子，分别适配粒子物理学的不同理论。你喜欢哪一种？

我是超对称的拥趸，很大程度上是因为，它似乎是能将引力纳入整套体系的唯一途径。它可能仍然不够，但是它朝着把引力纳入进来的方向。有了超对称性，就会有更多这些粒子。那将是我最喜欢的结果。

你一直不喜欢做科学名人。有没有一种如释重负的感觉，有没有抱着一种也许现在这种关注会逐渐消失的希望？

当然有一点如释重负的感觉。对我来说，过去几天的喧闹才刚刚结束，很难算是已经从中走出来了。我最大的期望，我想，是一些安静的时间。目前来看，这种可能性不大。我的收件箱和门垫里塞满了电子邮件和信件。有人希望我为他们的希格斯棋盘游戏代言，有人希望我去他们的新办公室中庭走道落成典礼做嘉宾。甚至还有一家巴塞罗那的小啤酒厂，想知道我最喜欢喝什么啤酒，这样他们就可以酿造类似的啤酒来纪念我。这太疯狂了。

考虑到你的同行们都在呼吁授予你骑士头衔和诺贝尔奖，现在看来没有迹象表明你会回归平静的生活。你考虑过下一步会发生什么吗？

这个嘛，到了10月份，诺贝尔奖宣布的时候，我可能会患上诺贝尔奖得主谢尔顿·格拉肖所说的"诺贝尔症"。就是心神不宁那种感觉。

在这么多的关注下，你有没有办法用简短的一句话解释希格斯粒子机制？

不，我花了更多的时间告诉人们，物理学家的解释是无稽之谈。我反对的一点是，一个粒子获得质量就像在糖浆里面拽它（在这个过程中，你会失去能量）。问题是，当我试图用我喜欢的方式来解释它时，理解这个解释所需要的 18 世纪物理学很多人都还没有掌握。我把它解释为有点像光通过介质时的折射。

我在 1964 年提出的模型其实就是发明了一种相当奇怪的介质，它从各个方向看起来都是一样的。它产生的折射比光在玻璃或者水里的折射要复杂一点。这是一种波的现象，但是你可以挥挥手并默念爱因斯坦和德布罗意（de Broglie，这两人提出了波粒二象性的观点）的神奇名字，把它翻译成粒子的语言。

因为几个人几乎在同一时间提出了这个机制，这个粒子的命名问题一直是一个雷区。你现在怎么称呼它？

我搞不懂它怎么能继续被称为希格斯玻色子。我认为它只会变成 H 玻色子。希望在粒子物理学中，人们不会把它和氢混淆起来。我的确有时候还是会叫它希格斯玻色子，那是为了让人们知道我在说什么。我不叫它"上帝粒子"。我希望以后这个名字不会像最近这样被使用得那么频繁。我一直在告诉别人，这是别人的笑话，不是我的。

不过，这个标签让这种粒子听起来很容易理解。

那倒是，然而它的含义就是会误导人。它会导致一些不知道这个称呼来源的人说一些相当愚蠢的话。我听过一些有神学背景的人试图从这个角度来理解它。他们不明白这个名字只是个玩笑，从来就没有被认真对待过。

为什么希格斯玻色子经常被称为"上帝粒子"？

把希格斯玻色子称为"上帝粒子"会招致许多物理学家的愤怒。这个词源于诺贝尔奖得主利昂·莱德曼。他在费米实验室的粒子加速器奋力推动对希格斯粒子的搜寻工作，并写了一本书介绍自己的研究。据莱德曼说，他想把它叫作"那个该死的粒子"，然而出版商把"该死的"（goddamn）缩写成了"上帝"（god）。

4

夸克的故事

　　按重量来算，你主要是由夸克和胶子组成的。这些粒子以奇怪而复杂的方式结合在一起，但是我们现在有能力以比从前高得多的精确性计算它们的行为——从而开始回答有关我们自身存在的一些基本问题。

与夸克死磕

如果让科学迷说出他们心中的愿望，许多人可能会说：生命、宇宙和一切的答案。要是这一点得不到满足的话，那就来一把功能齐全的光剑吧。这样说来，媒体上很少能见到有可能把这两个心愿都满足的科学领域的报道，就显得很奇怪了。如果我们能真正掌握乏味的质子和中子，我们就能开始解释物质宇宙是如何形成并持续存在的，还能探索令人难以置信的技术，比如新型激光和储能材料。

质子和中子的主要区别是质子带正电荷，而中子是电中性的。但是它们的质量其实也略有差异。中子重 9.396 亿电子伏特，质子重 9.383 亿电子伏特。这一差异仅有 0.14%，却关系重大。超出的质量意味着中子可以衰变为质子，反之则不然。稳定的质子可以与带负电荷的电子结合，形成稳健的、有结构的、电中性的原子。如果质子更重一些，它们就会衰变为中子，世界就会变成一摊平淡无奇的中子汤。

中子和质子质量差的确切数值也很关键。最简单的原子是氢，它是一个质子加上一个轨道上的电子。氢是在大爆炸中产生的，后来成为第一批恒星的核聚变燃料，其他大部分化学元素都是在恒星核聚变中形成的。除了氢之外，所有的元素都含有中子。如果质子和中子的质量差稍微大一点，聚变就会更困难，因为在原子中加入中子会面临更大的能量障碍。宇宙会被卡在氢那一步。

然而，如果质量差稍微小一点，氢就会在宇宙形成的最初几分钟内聚变成氦，那就不会有什么燃料来驱动像我们的太阳这样的长寿恒星了。如果进一步缩小质量差，氢原子就会崩溃：质子就能吃掉围绕它运行的电子，变成中子，然后吐出中微子。那样就没有原子了。

它们是从哪儿来的?

如果质子和中子的质量并非恰好是这些数值,我们就不会存在。但是质量从何而来的问题却难以回答。我们在半个世纪之前就已经知道,质子和中子——统称为核子——不是基本粒子,而是由称为夸克的更小粒子构成的。夸克有六种类型:上夸克、下夸克、奇夸克、粲夸克、底夸克和顶夸克。质子的组成是上–上–下,而中子是上–下–下。

下夸克比上夸克略重,但是这并不能解释中子质量略大于质子质量:两种夸克的质量都很小。很难说它到底有多小,因为夸克从来没有单独出现过,但是上夸克的质量大约是 200 万或者 300 万电子伏特,下夸克的质量可能是它的两倍:这只占了整个质子或者中子质量的极小部分。

像所有的基本粒子一样,夸克通过与无处不在的希格斯场(大型强子对撞机便是将这种场搅扰得足够猛烈才产生了可被探测到的希格斯玻色子)的相互作用获得这些质量。不过要想解释由多个夸克组成的物质的质量,显然还需要别的东西。

为了找到答案,我们必须勇攀量子色动力学的峭壁悬崖。正如粒子具有决定其对电磁力作何反应的电荷一样,夸克携带着三种色荷中的一种。色荷解释了它们经由强核力的相互作用(见第 2 章)。量子色动力学是用来描述强核力的理论,它极其复杂。

夸克通过交换胶子结合在一起形成质子和中子等物质。胶子没有质量,但是有能量。根据质能转换方程 $E = mc^2$,能量对应着等价的质量。另外,胶子的交换还会在每个核子内产生大量短命的夸克–反夸克对——虚介子。

量子泡沫

为了理解这种量子泡沫，在过去的 40 年里，粒子理论物理学家们发明并改进了一种叫作晶格量子色动力学的技巧。差不多就相当于气象学家和气候学家把繁复庞杂的地球大气简化为一个由间距数千米的点构成的三维网格，以实现对它的模拟，晶格量子色动力学把核子内部简化为一个几十飞米（10^{-15} 米）的模拟时空里的点构成的晶格。夸克位于晶格的顶点，而胶子则沿着边缘传播。通过对所有这些边的相互作用进行汇总，并观察它们随时间逐步演化的方式，你就可以开始构建核子作为一个整体运作方式的图像。

哪怕是少量的晶格点（比如 $100 \times 100 \times 100$，中间间隔 1/10 飞米），也会产生海量的相互作用，因此晶格量子色动力学模拟需要强大的计算能力。令事情更加复杂的是，量子物理不会给出确定的结果，所以这些模拟必须运行数千次才能得到一个平均答案。

为了弄清质子和中子的质量从何而来，德国伍珀塔尔大学的佐尔坦·福多领导的研究小组利用了两台 IBM "蓝色基因" 超级计算机和两套集群计算处理器。在 2008 年，他们最终得到了两个核子的质量都是 9.36 亿电子伏特，误差为 2500 万电子伏特。这证实了夸克和胶子之间的相互作用构成了物质的大部分质量。也许你感觉自己很坚实，但实际上 99% 的你都是结合能（见图 4.1）。

这些计算的精确度仍然不足以确定质子和中子之间至关重要的质量差异。另外，这个计算忽略了电荷的影响。核子内所有的瞬态夸克和反夸克都是带电的，这给了它们一种自能量，对它们的质量有额外的贡献。

原子

电子 质量 50
万电子伏特

原子周围运行的电子只占其质量的
极小一部分。

原子核
原子核中的质子和中子构成了物
质质量的绝大部分。

质子
质量 9.383 亿电子伏特

中子
质量 9.396 亿电子伏特

上夸克
大约 200 万
电子伏特

下夸克
大约 500 万
电子伏特

在质子和中子中，
决定其电荷的上夸
克和下夸克的质量
只占其总质量的极
小一部分。

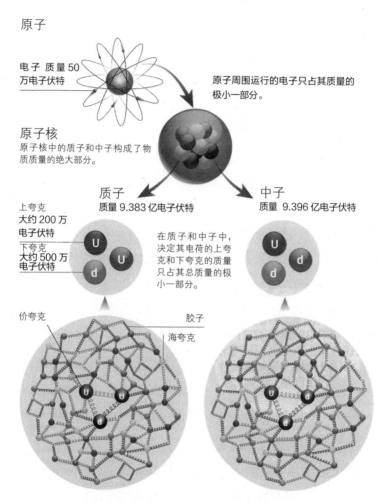

价夸克

胶子

海夸克

质子或者中子的大部分质量蕴含在夸克和反夸克构成的"海
洋"，以及约束着它们的胶子的相互作用能中。

图 4.1 物质的质量从哪里来

狡猾又黏人的胶球

胶球是完全由力构成的粒子。搞不好它们可以用来制造一把正儿八经的光剑。只有一个问题——它们似乎只存在于理论中。理论物理学家们坚持认为胶球一定存在，实验物理学家们却说我们可能永远无法证明它们的存在。

胶球是成团的胶子，胶子在夸克之间传递强核力，令它们结合成原子核内的质子和中子这样的事物。对一个充满胶子的世界的模拟表明，大约15亿电子伏特的能量，也就是一个质子所含能量的1.5倍，就应该足以将大量的胶子粘在一起形成一个胶球。1995年，牛津大学的弗兰克·克洛斯和他的同事、瑞士苏黎世大学的理论物理学家克劳德·阿姆斯勒指出，刚刚在欧洲核子研究中心发现的两个能量分别为13.7亿和15亿电子伏特的粒子可能符合这一标准。后来又有一个能量为17.1亿电子伏特的粒子加入了它们的行列。

但是强力是出了名的难以计算，而且为简单起见，人们在模拟胶球时倾向于假设一个只有大量胶子，没有什么其他东西的世界。在真实的宇宙中，当你测量一个胶球状态的时候，夸克也会开始像袜子上的毛刺一样粘在上面，这样就不可能证明它曾经是一个纯胶球。克洛斯说，那三个有希望的粒子最有可能的解释是被不同数量的夸克污染的胶子团——搞不好我们只能满足于这种模棱两可。

理论物理学家最恐怖的噩梦

要想了解质子－中子质量差的微妙根源，需要求解的不仅是量子色动力学方程，还有支配电磁相互作用的量子电动力学方程。试图同时解决这两个问题是理论物理学家们最恐怖的噩梦，但是在 2014 年，福多和他的同事们开发了一个数学上的变通方法，得出了质子－中子质量差的值。他们得出的数字与实测值相符（尽管仍有相当大的不确定性，约为 20%）。

你可能想知道，从已知的第一原理数字出发，我们已经算出了什么。但是除了揭示复杂物质存在的原因之外，这还意味着我们现在可以计算出许多使宇宙运转的东西。以爆炸恒星内部的过程为例。超新星爆炸是第一次给宇宙播下比氢和氦还重的元素的事件。有了结合量子色动力学和量子电动力学的新能力，我们可能会回答诸如什么时候形成了哪些重元素这样的问题。

这一进展也可能有助于解决一些围绕基础物理学的问题。大型强子对撞机在 2012 年发现了希格斯玻色子，除此之外再无其他发现，留下了许多悬而未决的问题。为什么在大爆炸之后，物质战胜了反物质（见第 5 章）？为什么质子和电子区别那么大，电荷却呈彼此完美的镜像呢？总的来说，使用量子色动力学进行精确计算的能力可以揭示更多标准模型不能解释实验结果的地方，这可能会为我们指出新的基础物理学的方向。

同样值得记住的是，新技术往往源于对物质运作方式的更深刻理解。一个世纪以前，我们刚刚开始研究原子，计算机和激光等创新便基于这些知识诞生了；然后是对原子核的深入了解，从电站、炸弹到癌症治疗等或正或邪的技术随之而来。

深入研究质子和中子意味着我们现在可能会发现一个更深的矿层。胶子在与色荷的相互作用中要比光子在电磁相互作用中更加活跃，所以摆弄带色荷的粒子产生的能量可能远大于在原子尺度上做文章。麻省理工学院的弗兰克·威尔切克因发展出量子色动力学而获得 2004 年诺贝尔物理学奖。他曾经推测，强大的新 X 射线或 γ 射线源可能会从复杂的核物理学中产生。

与光子不同，胶子也可以与其他胶子相互作用，因此有可能会将彼此限制在一个不断翻滚的能量柱中。威尔切克就此开玩笑地提出，胶子说不定能让《星球大战》里的光剑成为现实。更有可能实现的前景是对能源更加有效地利用和储存。威尔切克说，原子核可以在一个小空间里储存巨大的能量，因此计算精确的核化学可能带来高密度的能量储存技术。尽管前路依然漫漫，但是随着量子色动力学计算准确性的提高，这条路终于打开了。欢迎来到夸克时代。

五夸克：一种寻找已久的新物质形式

人们观察到的夸克通常 2 到 3 个聚在一处，但是在 20 世纪 60 年代，人们预测夸克也可以 4 到 5 个成团。一颗四夸克在 2013 年被发现并得到证实，但是五夸克直到 2015 年才被发现。

在大型强子对撞机底夸克实验中，通过研究所谓的 b 重子的衰变，人们观察到了五夸克。这种衰变通常会波澜不惊地一步到位，但是强力的物理性质意味着，有时候在这个过程中会有中间状态。在这样一个不那么波澜不惊的衰变过程中，一个粒子突然出现，其特征与理论上的五夸克一致。从那以后，更多的数据证实了这一发现。

一些物理学家认为，这 5 个夸克被紧紧地束缚在一个定义明确的粒子中，而另一些人则认为，对它更恰当的描述是一个小分子，由一个两夸克介子和一个三夸克重子组成。由于这种粒子几乎立即衰变，所以它的大小和质量的精确值还需要更多的实验来确定。

自旋危机

自 1988 年以来，质子的内部结构一直困扰着我们，当时欧洲核子研究中心的研究人员发现，他们无法解释质子的自旋。自旋是粒子的一种量子力学性质，类似于绕其自身轴的旋转。不同自旋的粒子对磁场的反应不同，所以测量起来相对容易。比如质子，有一个 1/2 的自旋。这个自旋肯定以某种方式来自构成质子的组件的自旋，就像质子一个单位的正电荷来自三个内部价夸克电荷的加和：两个 2/3 的正电荷和一个 1/3 的负电荷。

通过用高能 μ 子将质子击碎，欧洲核子研究中心的欧洲 μ 子合作项目成功地测量了质子内部夸克的自旋。他们发现，这只能解释大约 1/4 的预期旋转。随后的实验将这一比例略微提高至 30% 左右，但也证实了基本结果。

自那以后，这一"自旋危机"成了烦恼之源，因为它意味着我们不了解质子的量子结构。理想情况下，我们可以通过解量子色动力学方程来解除危机，然而质子是由那么多运动着的部件构成的，对于这样的粒子来说，计算将是非常困难的。使用超级计算机模拟质子自旋起源的尝试也在这样的复杂性面前败下阵来。

我们只能做一些杂乱的实验来填补空白。2014 年和 2015 年，布鲁克海文国家实验室使用相对论重离子对撞机进行的实验表明，胶子本身可能携带了质子自旋的很大一部分，大约 40%。

质子的一部分自旋可能与夸克和胶子各自的自旋方式关系不大，而更多地与它们如何围绕彼此公转有关。到目前为止，我们对如何测量这一点只有最模糊的想法。如果真有"万有理论"这样的东西，我们预计它看起来会很像量子色动力学，只是会更难计算。

如果平凡如质子，我们尚不能理解其内部的情况，那么掌握更伟大理论的希望便很渺茫了。

重粒子为什么不稳定？

粒子物理学的一个普遍规律是，重的事物容易衰变，释放出更轻的粒子，而且这些衰变产物通常携带很大的动能。中子衰变为质子（加上电子和中微子）。这是基本的物理原理：物体会向势能较低的状态转化，就像一个球从山上滚下来。我们知道，质量是能量的一种形式。一个较轻的质子衰变为较重的中子，就相当于一个球自发地向上滚动。对于给定类型的粒子，质量越大，寿命越短。所以顶夸克、W 粒子、Z 粒子以及希格斯粒子都是非常短命的。

但是为什么质子没有衰变为其他的轻粒子，比如电子和正电子呢？这是因为粒子物理学的基本对称性。对称性告诉我们哪些物理量是守恒的，是不可改变的（参见第 2 章里的"为什么宇宙是对称的"）。强力的对称性决定了重子数必须守恒：你不能凭空产生一个质子或者中子，也无法让其消失。就我们目前所知，质子是最轻的重子，所以不存在它可以衰变成的粒子组合，这使得它很稳定（见第 10 章）。

5

反物质

反物质的真实性也许就像科幻小说中的东西一样不同寻常。它们构成了一个完整的阴影粒子世界，然而奇怪的是，宇宙中至少在我们附近这一带，它们却是很罕见的。要做星际飞船的燃料，反物质大概永远不具备可操作性，但是它的爆发力说不定会打破标准模型，并揭示出为什么宇宙中充满了物质。

反物质简介

每个带电粒子都有一个与之质量相等但电荷相反的反粒子。质子有带负电荷的反质子，电子有带正电荷的反电子，或者正电子。1928 年英国理论物理学家保罗·狄拉克提出的方程式最早揭示了存在反物质的可能性。4 年之后，美国实验物理学家卡尔·安德森在宇宙射线中发现了正电子。

许多中性粒子也有反粒子。例如，中子是由带电的夸克组成的。把这些夸克换成与之电荷相反的反夸克，你就得到了一个反中子。中微子没有带电的组件，但是在传统的标准模型中，它们也有反粒子——自旋方向相反，轻子数相反。物质和反物质接触时，它们会相互毁灭，或者叫作湮灭。一个电子和一个正电子转变成两个光子，分别飞向完全相反的方向，每个光子的能量为 51.1 万电子伏特，与电子（或者正电子）的质量相对应。

反物质之父

出生于英国布里斯托尔的保罗·狄拉克（1902—1984）使我们对基本粒子和力的理解迈出了关键的一步。他在 1928 年列出的方程式预测了反物质——他因此获得了 1933 年诺贝尔物理学奖，当时年仅 31 岁。他古怪而笨拙，特别喜欢米老鼠。在许多人看来，他是自艾萨克·牛顿以来英国最伟大的理论物理学家。在伦敦威斯敏斯特大教堂的地板上有一块石头，上面刻着他著名的描述电子量子行为的方程式。

反物质在哪里？

若要列出标准模型的不完善之处，有一条肯定会在列表上名列前茅：它预测我们不存在。根据这个理论，大爆炸应该产生了等量的物质和反物质。在宇宙诞生后的一秒钟之内，它们就会彼此湮灭，宇宙应该充满了光，基本别无他物。然而我们却在这里。还有行星、恒星和星系。这一切，就我们所知，都是由物质构成的。

对于这个存在之谜，有两个可能的解释。第一个，物质和反物质的物理性质可能存在一些微妙的差异，这使得物质在早期宇宙中有了剩余。虽然标准模型预测，反物质世界是我们这个世界的完美镜像，实验却已经在镜子上发现了可疑的划痕。1998 年，欧洲核子研究中心的实验表明，一种古怪的粒子——K 介子转变成它的反粒子的概率略高于相反的转变，因而两者之间产生了微小的失衡。

随后，加利福尼亚和日本的加速器也开展了类似的实验。2001 年，他们在 K 介子较重的表亲——B 介子——中发现了一种更明显的不对称性。欧洲核子研究中心的大型强子对撞机底夸克实验现在正使用一台 4500 吨的探测器来探测数十亿的 B 介子并探求它们的秘密（见本章后文）。但它也未必能就反物质的去向给出一个定论。迄今为止，人们观察到的效应似乎还太小，不足以解释大规模的不对称。

物质之谜的第二个可能答案是，物质和反物质以某种方式逃脱了彼此致命的掌控。在某个地方，宇宙的某个镜像区域，反物质潜伏着，而且已经合并成了反恒星、反星系，或许还有反生命。

当一块热磁铁冷却时，单个原子可以迫使它们的邻居与磁场对齐，形成指向不同方向的磁域。大爆炸之后，宇宙冷却的过程中，也可能发生过类似的事情。随着时间的推移，这些微小的差异可能会扩展成庞大的独立区域。

这些反物质区域即便存在，也肯定不在附近。在恒星区和反恒星区的边界处发生的湮灭将会产生明确无误的高能 γ 射线特征。如果整个反星系与一个普通星系相撞，其湮灭的规模将是难以想象的。我们还没有见到过任何这样的迹象，不过宇宙还有好多部分是我们没有观察过的——更别提那些远得我们永远观察不到的区域。

反氦原子或者其他比氢重的反原子将成为这种反宇宙的证据。这将意味着反恒星正在通过核聚变制造反原子，就像普通恒星制造普通原子一样。在国际空间站，一项名为 α 磁谱仪的实验自 2011 年以来一直在宇宙射线中搜寻着这些反原子。到目前为止，我们仍然在等待着第一个来自反宇宙的使者。

我们能制造出反物质炸弹吗？

人类有朝一日可能会将反物质的毁灭力量用于破坏性目的，这种想法有着可怕的魔力。这是丹·布朗的小说《天使与魔鬼》（*Angels and Demons*，2000 年）的核心思想。在这本书中，一颗含有 1/4 克反物质的炸弹差点毁灭梵蒂冈。

欧洲核子研究中心的物理学家罗尔夫·兰度亚认为，我们不必紧张。有一个很充分的理由可以解释为什么短期内不会发生这样的事情。"如果你把我们在欧洲核子研究中心 30 多年反物质物理学研究中获得的所有反物质全都积攒在一起，哪怕你非常慷慨，你也能只得到一亿分之一克反物质。"他说，"就算在你指尖爆炸，它也不会比点燃一根火柴更危险。"接受正电子发射计算机断层扫描的病人血液中含有天然的放射性原子，它们会释放出数千万甚至更多的正电子，但不会产生不良影响。

即使物理学家能够制造出足够的反物质来生产可行的炸弹，其成本也将是天文数字。兰度亚估计，1克反物质可能要花费100亿美元。牛津大学的粒子物理学家弗兰克·克洛斯指出，以目前的技术，我们需要100亿年的时间才能收集到足够的反物质来制造丹·布朗的炸弹。

这并不是说我们不能以新的方式利用反物质。几十年来，物理学家已经能够制造出电子偶素——一种由电子和正电子构成的"原子"。2007年，加州大学河滨分校的物理学家戴维·卡西迪和艾伦·米尔斯制造出了第一个包含多个电子偶素原子的分子。电子偶素原子很快就会湮没成高能的 γ 射线，所以如果你把足够多的这种原子堆在一起，就有可能让它们同时湮没并发光——制造出一种强大的 γ 射线湮没激光，而在反应堆中引发核聚变将是这种激光的潜在应用之一。

大爆炸的小变故：揭开物质存在的奥秘

你家厨房灶台上的香蕉是宇宙中最大奥秘之一的化身，只是有待被剥开。它是由物质粒子组成的，就像你一样，这就是为什么你可以看到、感觉到并品尝它。你看不到的是，每秒大概有15次，它会产生另一种粒子，一种几乎在瞬间就会消失在闪光里的东西。这个东西便是反物质。

反物质构成了一个完整的粒子镜像世界，这些粒子的质量与正常物质的粒子相同，电荷相反。不过这好像是后知之明。在我们这一带，反物质粒子只会产生于高能宇宙射线在大气层中的相互作用中，或者放射性衰变中，比如香蕉里的放射性钾 -40 的衰变。

从某种意义上说，这并不奇怪，因为反物质和物质一旦相遇就会湮灭，释放出高能光子。但这就留下了一个谜团，那就是物质为什么会如此占优势？

因此，也许是宇宙鸿蒙初开时的某个小小变故导致某些物质存活下来，并制造了所有的东西，从香蕉到黑洞，从海马到恒星。物质和反物质之间十亿分之一的差异就足够了，因为在大爆炸的超热"汤"中，粒子和反粒子会不断被创造和湮灭，让失衡不断加剧。

解释物质的主导地位

20 世纪 60 年代，詹姆斯·克罗宁和瓦尔·费奇发现，反 K 介子的衰变速率与对应的 K 介子不同。这种现象被称为电荷共轭宇称（CP）破缺。这意味着，如果你观察一个粒子反应，然后在镜子里观察由反粒子进行的同一反应，你会看到两个反应的速率略有不同。这类现象也许可以解释为什么物质占优势地位。但不幸的是，迄今为止，我们测量到的效应还太小，不足以解释宇宙中反物质的缺乏。

欧洲核子研究中心的大型强子对撞机底夸克探测器登场了。根据个人品位，这部探测器英文名称缩写（LHCb）中的"b"可以理解为"美"（beauty）或者"底"（bottom）。底夸克比上夸克和下夸克重得多，而且非常不稳定，但是大型强子对撞机的质子对撞有足够的能量产生它们。它们与其他夸克结合形成 B 介子，而 B 介子可能是物质获胜的关键。

包括加利福尼亚 SLAC 国家加速器实验室（SLAC 代表 Stanford Linear Accelerator Center，斯坦福直线加速器中心）的 BaBar 和日本高能加速器研究机构实验室的 Belle 在内的实验表明，当含有底夸克的粒子衰变时，就会发生 CP 破缺，而且产生的失衡比 K 介子的更大（见图 5.1）。

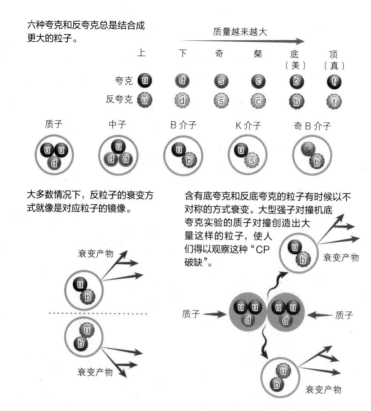

六种夸克和反夸克总是结合成更大的粒子。

质量越来越大 →

	上	下	奇	粲	底（美）	顶（真）
夸克	u	d	s	c	b	t
反夸克	u	d	s	c	b	t

质子　中子　B 介子　K 介子　奇 B 介子

大多数情况下，反粒子的衰变方式就像是对应粒子的镜像。

衰变产物

衰变产物

含有底夸克和反底夸克的粒子有时候以不对称的方式衰变。大型强子对撞机底夸克实验的质子对撞创造出大量这样的粒子，使人们得以观察这种"CP 破缺"。

衰变产物

质子 → ← 质子

衰变产物

图 5.1　含有重夸克及反夸克的粒子衰变方式中微妙的不对称可能蕴含着物质之所以在宇宙中取得优势地位的线索

　　即便如此，到目前为止，相对于解释物质普遍存在所需要的 CP 破缺，已知粒子的衰变只占了一万亿分之一。与此同时，希格斯玻色子的发现只会让这个谜题更加难解。它 1250 亿电子伏特的质量和观测到的衰变率符合粒子物理标准模型的预测。如果它违反了那些预测，那倒是有可能暗示了某种未知粒子的影响，而这种粒子有可能成为另一个 CP 破缺的来源。

　　这令焦点又回到了 B 介子身上。"美工厂"BaBar 和 Belle 令电子和它们的反粒子——正电子——碰撞，其能量在数十亿电子伏特的范围内，只能以可观的数量制造出最轻的 B 介子。除了轻 B 介子和 B 重子外，大型强子对撞机还产生了比这些实验更重的 B 介子。通过研究最广泛的美粒子衰变途径——它们应该具有不同的 CP 破缺，我们有可能得出从总体上描述 CP 破缺的最佳理论。

热汤

针对为什么物质会占据主导地位的问题，要想找到任何有意义的答案，我们需要重建能量水平更高的原始汤状态。2015 年，对撞机开始以创纪录的 14 万亿电子伏特能量粉碎粒子。这种更高的能量意味着会有更多的 B 粒子产生，使人们能够开展更加敏锐的 CP 破缺研究。

大型强子对撞机底夸克实验的探测器呈锥形或者楔形，碰撞发生在尖端。这大幅降低了它探测希格斯玻色子的灵敏度，因为希格斯玻色子往往以较大的角度出现在它的探测区域之外。然而 B 介子的探测却正要采用这样的方式，因为它们往往沿着原质子束的方向携带着其动量出现（见图 5.1）。大型强子对撞机产生的高能 B 介子经过底夸克实验探测器时可以留下长达 1 厘米左右的轨迹（比早期实验中低能介子的轨迹要长），从而可以实施更详细的测量。

2017 年 1 月，大型强子对撞机底夸克实验的科学家报告了重子（质子和中子都属于重子）衰变过程中 CP 破缺的第一个证据。当时的研究对象是底 Λ 粒子，它包含一个底夸克。虽然标准模型预测了底 Λ 粒子一定程度的 CP 破缺，但是如果能够分析大型强子对撞机得出的更多数据，人们将可以揭示这种衰变中的 CP 破缺是否与预期有出入。如果它不符合标准模型，那就意味着我们将有新的物理学发现，而且这种发现将涉及为什么物质比反物质多这一基本问题。

大型强子对撞机升级之前的数据显示，在 B 介子衰变为一个 K 介子和两

个 μ 子这一罕见的过程中，标准模型的预测出现了偏差。从那时起，随着底夸克实验得到的结果变得更加精确，它们与理论模型的差异也越来越大。然而，理论预测本身也面临着挑战，粒子物理学界并不认为它是完全可靠的。

此外，在两种衰变之间也有不平衡的迹象——一种是 B 介子衰变为一个 K 介子、一个电子和一个正电子，另一种是 B 介子衰变为一个 K 介子和两个 μ 子。然而，证据仍旧不足以说明，是某些未知的物理原理导致了这种异常，还是它能有助于解释物质之谜。

另一个焦点是由反底夸克和奇夸克组成的奇 B 介子的衰变。它可以自发地转变成它的反粒子（底夸克加上反奇夸克），观察反向过程是否以同样的方式发生，成了研究 CP 破缺的另一途径。另外，每 10 亿次中有 3 次它会衰变为一个 μ 子和一个反 μ 子。这种衰变可能很少见，但它的最终状态很容易被观察到，因为 μ 子会在探测器上留下一条直达最外层的轨迹。来自英国利物浦大学、参与大型强子对撞机底夸克实验的塔拉·席尔兹认为，这使得它成为一个寻找新物理学的"黄金通道"。

在这里，人们感兴趣的可能不仅仅是 CP 破缺，还有超对称性等理论预测的现象的蛛丝马迹。这些理论假设存在着新的大质量粒子。罕见的 B 介子衰变应该格外容易受到未知大质量粒子的影响，这也许给了大型强子对撞机底夸克实验一种不直接探测到便证明其存在的巧妙手段。任何与 B 介子的预期衰变率有差距的实验结果都有可能意味着隐藏的粒子参与其中。

奇 B 介子衰变太罕见了，时至今日，只有很少的实例在实验中被观察到，而且到目前为止，它的行为并没有给标准模型带来彻底的变革，大型强子对撞机产生的其他 B 介子也没有。不过，利用改进过的粒子加速器对美粒子开展更多的观察，可能会带来改变。

企鹅的线索

在寻找物质和反物质之间差异的过程中，一种反常现象可能最终会令我们有所收获。较重的B介子衰变为 τ 粒子的频率比标准模型预测的要高。这种衰变被称为企鹅过程，这是因为当物理学家用费曼图描绘其过程时，他们最终得到的东西看起来像只企鹅。

不平衡的企鹅现在已经在三个不同的实验中出现过，包括大型强子对撞机底夸克实验。在该实验的数据中，B介子衰变产生的 μ 子的能量和轨迹也一直是异常的。这些异常现象可能预示着物理学即将有新的发展。或许B介子在进一步衰变为 μ 子之前，会先衰变为尚未被探测到的粒子，从而扰乱了它们的最终分布？理论物理学家们推测，罪魁祸首可能是轻夸克——一种轻子和夸克型粒子的混合体——或者是一种新的希格斯玻色子。

尽管这些观察到的不平衡很小，但它们可能会引出后续的一条研究路径。在更高的能量下，类似的企鹅过程可能会导致更大的不平衡。

反引力：反物质会跌向上方吗？

如果你拿起一块反物质再放开它，让它自由地穿过"充满敌意"的物质世界，它有没有可能会神奇地浮起来呢？很少有物理学家敢给出断言。如果不做实验，我们根本无从知晓。

对反引力的质疑可以追溯到20世纪50年代，当时物理学家赫尔曼·邦迪正在思考广义相对论的含义。爱因斯坦提出的这个理论解释了引力如何在宇宙结构被扭曲时产生。引力是一种奇怪的力，尤其是考虑到它只有一个作用方向。

比如说，在电磁学中，有正负两种电荷，相互之间或吸引或排斥。然而到了引力这里，只有总是相互吸引的正质量。

邦迪向世人展示了，若非如此，世界将会是多么奇怪。他证明了负质量最终会以越来越快的速度穿越宇宙，追求正质量。德国法兰克福高等研究所的萨比娜·霍森菲尔德说，这种夸张的运动似乎并不存在，不过我们下结论时应该谨慎。说不定我们需要修正广义相对论，而不是抛弃负质量。

质量有两种类型：引力质量决定一个物体会受到多么强的引力，而惯性质量决定了一个物体对加速度有多大的抵抗。许多实验表明，这两个质量总是具有相同的值——这是一个神秘的等价。爱因斯坦对引力的描述，也就是广义相对论，便是围绕着它展开的。然而所有这些实验都只涉及正常物质。反物质是否能够形成一个具有正常惯性质量但是引力质量为负值的物体，从而打破等效原理呢？

宇宙的另一个角落

在世界各地的一些实验室里，对负质量的追寻仍在继续。反物质是一个很有希望的追寻方向。它和普通物质差不多，只不过电荷和其他一些量子性质相反。这并不意味着它也应该具有相反的质量，但是如果它确实具有，倒有可能有助于解释另一个谜：反物质都去了哪里。排斥性的引力相互作用可能会把物质和反物质从彼此身边驱离，因此在早期的宇宙中，它们永远不会有机会湮灭。从那时起，宇宙的持续膨胀将会把这两者推得更远——反物质说不定已经在宇宙的其他角落创造出了自己的星系。

让物质从地球表面悬浮起来，其中蕴含的技术可能性引得美国空军也插了一脚。多年来，他们已经为反物质研究人员提供了数以百万计的资金。不幸的是，开展这方面的实验是一项相当艰巨的任务。首先，你需要为反物质搭建一个几乎完全不含正常物质的家。这就要制造出地球上最空的盒子，每升容积只含有几百个气体分子。然后，为了防止反物质撞击盒子的侧面并立即湮灭，你必须把它冷却到绝对零度以上几开氏度以内，然后用电磁场捕捉它。

在欧洲核子研究中心巨大的反物质减速大厅里，有六项实验正在争先恐后地测量反物质基本性质。下面，来自欧洲核子研究中心质子同步加速器的粒子束撞击到一块金属上，产生了大量的粒子。一个磁体系统挑出其中的反质子，将它们送入一个由更多磁体组成的环中。在反质子被减速以便捕获的过程中，这些磁体将使它们保持在轨道上。

接近一致

自 20 世纪 90 年代以来，这里一直有实验在研究反物质和物质粒子是否真的像我们认为的那样接近。2015 年，通过测量反质子在被称为彭宁阱的磁性封闭体中如何旋转，重子反重子对称实验对它们的惯性质量与电荷之比给出了迄今为止最精确的测量。结果表明，这个比值与质子的一致，误差在万亿分之六十九以内，比之前的最佳值精确 4 倍。

2016 年 11 月，邻近的低速反质子原子光谱和碰撞实验对反质子的惯性质量进行了迄今为止最精确的测量，没有找到与质子的质量有什么差异。

但是在引力效应这方面，质量是正的还是负的呢？这个问题将实验带到一个新的细节层面。引力太弱了，很容易被电磁力掩盖，所以用磁场控制反质子这样的带电粒子来做实验的想法就不可行了。你可以尝试让反质子就位，然后关掉磁体，看看它朝哪个方向下落，然而反质子与周围环境的静电相互作用会盖过它可能感受到的任何引力，别管方向如何。

更好的选择是反物质的中性原子,比如反氢原子（参见后文的"反元素"）。它们之间的静电相互作用还不足以抵消引力,但是很强的磁场仍然能够将它们保持在一定的位置。欧洲核子研究中心的反氢原子激光物理仪器实验会定期捕获并保存成束的反氢原子约 15 分钟。

2013 年,该实验团队发表了一份原理测量的证明。这次测量中,研究人员短暂地收集了 434 个反原子构成的云,关闭磁体并根据它们湮灭的位置跟踪它们的后续运动。这是一个粗略的测试,没有得出结论——无论反粒子的引力质量是正还是负,都符合最终结果。必要的准确性并不容易达到,因为实验使用的反原子比较热,所以会震动,这就给问题蒙上了一层阴影。不过反原子足够多的话,还是应该会有助于我们回答核心问题。

欧洲核子研究中心的另一项实验——反物质引力、干涉成像、光谱学实验也计划在几年内进行测试。芝加哥伊利诺斯理工学院的丹尼尔·卡普兰正计划用电子较重的亲戚——μ 子进行实验,而由伦敦大学学院的戴维·卡西迪领导的研究小组正计划使用电子偶素。

回到欧洲核子研究中心,一项名为"静止状态反物质引力行为"的实验旨在用一个反氢离子(一个反质子和两个正电子的组合)来解决这个问题。理论上,用磁场把这个带电微粒固定在适当的位置并用激光冷却它应该是很容易的。接下来的想法是用另一束激光打掉一个正电子,使反原子恢复电中性。这个时候,它将不再感觉诱捕场的影响,开始跌落——向上或者向下。实验负责人帕特里斯·佩雷斯表示,他们希望测量的灵敏度足以探测到正常物质所感受到的哪怕只有 1% 的引力偏差。

实验人员并不指望反物质会向上跌落,但是只要它跌落的方式稍有异样,就会非常有趣。那可能表明存在着某种能够改变引力的力量,其作用放过了正常物质，却没有放过反物质。如果引力子——一种假想中的量子粒子，负责携带引力——有一个微小的质量，而不是通常认为的无质量，便有可能产生类似的引力修正效应。

反元素

欧洲核子研究中心的两项实验，反氢陷阱和反氢原子激光物理仪器实验，已经在制造反氢原子——可能存在的最简单的反原子，仅仅由一个反质子和一个正电子结合在一起。他们的目标是产生足够多的反氢原子，并将其保存足够长的时间，以便将其发出的光谱与普通氢的光谱进行比较。哪怕两者之间仅仅存在细微差别，标准模型也会遭到动摇，因为标准模型预测两者应该完全相同。

2016 年，经过制造并持有 14 个反氢原子，杰弗里·汉斯特及其同事在反氢原子激光物理仪器实验合作项目中首次观测到反物质谱线。他们发现，反氢原子光谱中能量最低的光子确实具有与氢原子相同的波长。

我们能否指望物理学家们制造出更复杂的反物质——反氦，乃至由反碳原子和整个反元素周期表构成的有机反物质呢？问题在于，在构建反原子的过程中，组成它的亚原子反粒子只能一个一个地制造。如果你想制造反氘——和反氢差不多，但是多一个反中子——你首先要制造反中子。反中子是中性的，因此不可能采用传统的方式，利用电磁场来控制其方位，于是你只能制造大量的反中子，并希望每制造 100 万个左右的反中子，就能有一个出现在正确的地方，刚好拼凑出一个反氘原子。

虽然还没有人解决这个问题，但是欧洲核子研究中心的一项实验使用了一种简洁的方法来制造反氢原子以外的东西。低速反质子原子光谱和碰撞实验创造了反质子氦原子，其中一个绕氦核运行的电子被反质子取代（见图 5.2）。通过研究这种物质 / 反物质复合原子发出的光谱，反质子的电学和磁性能会被精确地测量出来，并与普通质子的电学和磁性能进行比较。

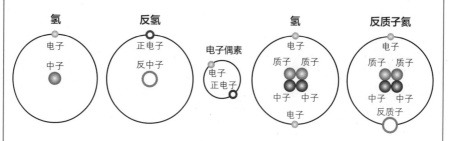

图 5.2　反工程的物理学家们已经制造出了镜像的氢、被称为电子偶素的电子−正电子对和含一枚反物质的氦原子

6

与世无争的小家伙

中微子是最难以捉摸的物质。这些幽灵般的粒子可以径直穿透地球而几乎不受阻碍。中微子是标准模型的一部分，然而它们的变味能力却暗示了，有些事情已经远非标准模型所能概括。

中微子到底是什么？

中微子呈电中性，质量接近于 0，是最隐蔽的粒子。它们与普通物质几乎不发生作用，正以每秒数万亿颗的频率穿过我们的身体、建筑物和地球。1930 年，奥地利出生的物理学家沃尔夫冈·泡利首次预言了中微子的存在。他在 1945 年因这项研究获得了诺贝尔奖。好几种核反应都会产生中微子，包括作为太阳能量来源的聚变、被人类用来制造武器或者获取能量的裂变，以及地球内部的天然放射性衰变。

我们怎么知道它们的存在呢？狡猾的中微子通常避免与物质接触，不过偶尔也会撞上原子，产生一种令我们能够观察到它们的信号。弗雷德里克·瑞恩斯在 1956 年第一次发现了它们，为自己赢得了 1995 年的诺贝尔奖。实验中最常见的做法是使用大量的水或者油。当中微子与这些液体分子的电子或者原子核相互作用时，它们会发出传感器可以探测到的闪光。

在那些深藏地下以躲避外来粒子干扰的探测器身上，人们投入了大量的资金和极端的工程技术。例如，乳胶追踪设备震荡项目被建造在了意大利的格兰萨索山脉内部。这个方案行得通是因为中微子能够径直穿过岩石。还有一些项目把探测器指向下方，以整个地球为屏障。其中，中微子望远镜和深渊环境研究项目的探测器被埋在地中海下面，另一个名为"冰立方"的则被埋在南极冰层下面。

中微子鬼鬼祟祟的性情掩盖了它们潜在的重要性。就拿额外的维度来说吧，大多数粒子有两个变体：顺时针自旋的和逆时针自旋的。中微子是唯一似乎只能逆时针自旋的粒子。一些理论物理学家认为这证明了额外维度的存在，而"缺失的"右旋中微子就藏在额外维度中。

就像带电的轻子一样，中微子也有三种味：电中微子、μ 中微子和 τ 中微子。但是，与带电的轻子和我们所知的其他粒子不同的是，它们可以从一种味转变成另一种味。

中微子：下一个重大的小东西？

"为王者，心神难安。"莎士比亚如是写道。如今，这句话也适用于粒子物理学的标准模型——我们对物质的构件及其相互作用最成功的描述。希格斯玻色子的发现是该理论的最高成就，它证实了近 40 年前的预测，填补了该模型最后一个重大空白。然而，我们一如既往地渴望把它赶下宝座，去发现必然会取代它的新物理学。

中微子现在能引导我们达到这个目标吗？标准模型威力强大，但还是留下了许多未解之谜——比如暗物质的性质——我们认为这种看不见的神秘物质构成了宇宙总质量的 80% 以上。还有被认为导致了宇宙加速膨胀的暗能量。量子物理学把暗能量的量级高估了 10^{120} 倍，这肯定是我们有史以来最糟糕的预测。标准模型无法解释物质如何在大爆炸中逃过了与反物质湮灭的命运，也无法将引力纳入其中。它充满了自由参数——那些令人头疼的数字都是人们主观决定的，只能手工输入理论中，例如为每一个力设定的强度。

研究人员曾希望希格斯玻色子能带来新物理学，从而让这些问题得到解答。然而截至目前，希格斯粒子的表现基本上与预期一致，因此，真正通往超越标准模型王国的关键可能在于中微子——一种不同的粒子。影影绰绰、神神秘秘、不走寻常路的中微子很少屈尊与它们周围的普通物质世界相互作用，因此我们对它们的许多了解都在标准模型之外。

微小的质量

我们所知道的三个中微子与电子及其两个较重的同类——μ 子和 τ 子——配对。此外，还存在三种反中微子，它们与电子、μ 子和 τ 子带正电的反粒子一起构成了扩展的轻子家族（见图2.2）。从一开始，标准模型就错误地假设中微子没有质量。但是我们现在知道，它们确实具有质量——尽管很小——这就是为什么它们具有从一种类型转变成另一种类型的神秘能力。许多新理论希望填补这一理解上的空白，包括旨在统一所有自然力（除了引力）的大一统理论，以及超对称性和弦理论。

中微子有着冷漠的本性，但是作为解决问题的粒子却有着悠久的历史。1930 年，为了维持放射性 β 衰变中能量和动量的守恒，物理学家沃尔夫冈·泡利构想出了它们。从那时起，它们就完美地融入了标准模型井然有序的粒子图像。

但是到了1998 年，日本超级神冈实验的结果中，标准模型对中微子的描述出现了漏洞。中微子带着电子、μ 子或者 τ 子的味被发射或者吸收，就像一勺冰淇淋。超级神冈研究了宇宙射线撞击大气层时产生的 μ 中微子，发现其中一些在穿越地球的过程中变成了电中微子。

之前人们就发现过这种在不同味之间转换的迹象，但这个实验提供了明显的证据。从那时起，研究核反应堆、粒子加速器和太阳内部核衰变过程产生的中微子的实验证实，不管一开始怎样，中微子会在它们的旅途中在三种味之间切换。要让这样的切换得以发生，中微子必须具备一定的质量。

味的传播

这是一个非常量子的现象。在量子力学中，一个粒子可以处于多种状态的叠加状态——而对于中微子来说，一种明确的味态是三种不同明确质量态的混合。这三种质量态都以略低于光速的速度运动，彼此稍有差异，正是它们的精确排列决定了中微子被观测到的味。因此，这三种中微子的味以一种不断变化的混合态在空间中传播。

一些大一统理论预测中微子具备质量。如果确定了准确的质量，理论物理学家就能知道该推进哪个理论了。

要想测量一枚可以穿行厚达一光年的铅块而不会受到任何阻碍的粒子的质量，可谓说起来容易做起来难，不过测量放射性 β 衰变是一种方法。在典型的 β 衰变中，原子核内的中子变成质子，同时释放出一个电子和一个反电子中微子。理论上，反电子中微子的质量可以通过与之相伴的电子的能量和动量推断出来。中微子太轻了，之前人们一直无法满足测量所需的灵敏度，不过在德国卡尔斯鲁厄理工学院，人们正在开展的卡尔斯鲁厄氚中微子实验或许具备了足够的灵敏度。

与此同时，对中微子质量最严格的限制来自宇宙，因为这些粒子影响着大爆炸和超新星爆发产生的元素类型及含量、宇宙的膨胀率、宇宙微波背景，以及物质合并成星系和星系团的方式。结合最新的宇宙学测量，包括来自普朗克空间天文台对宇宙微波背景的观测，人们发现三个中微子质量之和不可能超过 0.13 电子伏特——不到电子的百万分之一。

由于中微子的味不断变化，很难把这个总和分解成三种中微子的质量。研究人员正在逐步改进他们对中微子质量和决定了中微子味的混合质量状态的测量。

任何解释中微子质量的理论都必须解释为什么它的质量跟其他粒子比起来小得几乎可以忽略不计。一种理论认为，这三种已知的中微子可能被一个或者多个只能感受到引力的"惰性"中微子遮蔽。通过一种名为跷跷板机制的过程，这些看不见的重中微子压制了人们检测到的中微子的质量。

这一切都使得这些轻若鸿毛、"不善交际"的变味粒子更加神秘。它们对我们有所隐瞒，但是到底隐瞒了什么，以及我们将从中得到超越标准模型的物理学的什么信息，仍然有待我们去发现。

神奇超光速中微子的消失

2011 年 9 月，探测 τ 中微子的乳胶追踪设备震荡合作项目震惊了世界。它宣布，中微子从瑞士的欧洲核子研究中心到意大利格兰萨索山脉地下探测器的速度超过了光速。这一壮举违背了爱因斯坦的相对论，打开了通往物理学未知境界的大门。

但是在接下来的几个月里，人们排查出两个错误——一个是没插结实的光纤，一个是出了故障的时钟，排查的结果是中微子的速度慢了下来。我们现在知道中微子接近光速传播。时任欧洲核子研究中心研究主任的塞尔吉奥·贝托鲁奇说："虽然这一结果不像一些人希望的那样令人兴奋，但它是我们所有人都在内心深处期待的结果。"

变反物质为物质

对最罕见事件的追寻可以揭示为什么物质主宰宇宙——如果我们能发现每 100 亿亿亿年才发生一次的事情的话。你可以一直等待、观察，说不定直到天荒地老也看不到它的发生。然而，成千上万的物理学家正在投身于追寻这个极其罕见过程。这是放射性衰变的一种形式，一旦被发现，就能揭示宇宙中还能有物质存在的原因。

放射性衰变是大自然的炼金术。它能够将某些较重的元素转化为较轻的元素，但它有自己的运行时间表——有些元素的寿命只有几分钟，有些则长达数千年。这些放射性过程对我们的生存至关重要，例如 β 衰变参与了为太阳提供能量。最常见的 β 衰变类型是，原子核中的中子转化为质子，在这个过程中抛出电子和反中微子（中微子的反物质伙伴）。

1935 年，物理学家预测某些原子核可能同时经历两次这样的衰变。在一个给定原子核中，这种已知最罕见的核衰变形式可能要每 10^{19} 年到 10^{24} 年才会发生一次。然而，持续观察一个足够大的原子群体，你就能增加自己见证一次这种衰变的机会。事实上，我们现在已经在 11 个不同的重原子核中观察到了它。

即便这些衰变很罕见，也赶不上研究人员目前正在寻找的。在无中微子双 β 衰变中，两个中子转化为两个质子和两个电子——根本不产生反中微子（见图 6.1）。

要想实现这种消失的戏法，需要某种非凡的事情发生。这两个反中微子

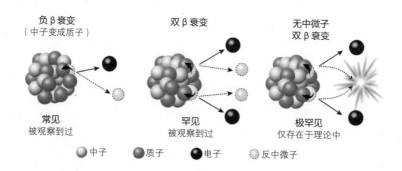

图 6.1　人们认为所有的放射性 β 衰变都应该产生某种类型的中微子。不过，如果中微子的反粒子就是它自己，那么每 100 亿亿亿次衰变中，会有一次根本不产生中微子

需要事实上相互抵消，就像粒子和它们的反粒子在接触时相互湮灭一样。然而，如果要使这两个相同的粒子彼此湮灭，中微子和它们的反粒子必须是同一粒子——它们必须同时是物质和反物质。

野外发现

尽管早在 1956 年人们就在自然界发现了中微子，但是它们仍有很多方面不为我们所了解。部分问题在于，它们对宇宙中其他一切事物的关注极少——每秒钟有数十亿颗来自太阳的中微子穿过你的身体，它们还能够穿入厚达 1 光年的铅块，毫发无损地出现在另一边。即使是中微子是否有质量这种看起来很简单的问题，也是到了 21 世纪初才得到解决。这个结果被认为意义重大，因此研究者赢得了 2015 年的诺贝尔物理学奖。然而我们仍然不知道为什么它们的质量这么小。

1937 年，意大利物理学家埃托雷·马约拉纳预测，带质量的中微子将具有一个有趣的性质。作为物质中唯一不带电荷的基本粒子，从理论上讲，它们有可能成为自己的反粒子。对于这种"马约拉纳中微子"来说，物质和反物质之间的区别已经过时了。凭借它们参与的反应中的些许 CP 破缺，这种额外的自由让更多的物质逃脱了大爆炸中的湮灭。

发现无中微子双 β 衰变可以解释我们从何而来，并给出物理学理论应该走向何方的线索。但是，在 50 多年的探索中，只有一次假定的无中微子双 β 衰变实例被观察到。那次结果是在 2001 年由意大利格兰萨索实验室报告的，它被通俗地称为克拉普多－克莱因罗斯衰变，以海德堡大学研究员汉斯·克拉普多－克莱因罗斯的名字命名。他维护其准确性超过 10 年。大多数物理学家仍然没有信服，不过这个结果吸引了所有对衰变感兴趣的人。

为了确认或者排除克拉普多－克莱因罗斯事件的可能性，人们开展了大量研究活动，并在格兰萨索、新墨西哥州和日本安排了实验。自 2015 年以来，他们似乎已经完全证伪了那个事件，因为如果它是真实的话，他们应该看到更多。

我们能用中微子束交流吗？

我们可以而且已经做到了。第一条由中微子承载的信息是在 2012 年传送的。当时，伊利诺伊州巴达维亚费米实验室的一个团队利用主注入器中微子束向 1000 米外的 MINERvA 探测器发射了包含数万亿枚中微子的脉冲。研究小组用标准的二进制通信码编码了"中微子"这个词。因为中微子很难被探测到，发送端反复传送了 142 分钟才让另一端接收到了清晰的信息。

中微子很少与其他形式的物质相互作用，所以它们能畅通无阻地穿过大多数物体——甚至包括地心。这给了它们成为信使的潜在用途，也许可以用来与隐藏的潜艇交流。即便是带宽非常低的系统也可能用于交换加密密钥。

漫长的等待

这些更大的实验也令我们掌握了更加精确的衰变寿命测量结果，将等待单个原子核通过无中微子双 β 衰变解体的最短时间延长到 10^{25} 年。

现在，至少有 8 个新的或者改进的实验正在寻找这个过程，这些探测器也许拥有足够的规模和灵敏度来实现这个目标（见图 6.2）。它们的运作方式大致相同：在地下深处聚集大量极其纯净的同位素，在那里它可以免受宇宙粒子的

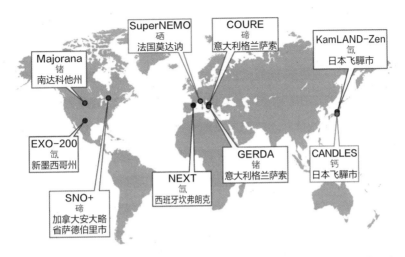

图 6.2　探测无中微子双 β 衰变需要将大量合适的放射性物质深埋地下，等待这种衰变的发生。全世界有很多实验正在进行中，使用的同位素不尽相同

轰击，而这种轰击可能会使探测结果陷于大量"杂音"之中。然后，耐心等待。依靠大数定律，衰变终究会发生。

目前，只有少数的同位素灵敏及丰富程度可用于这种规模的实验。每一种都有其优点，但是现在所有的目光都集中在锗上。这种金属紧密的晶体结构令研究人员得以使用一种更紧凑的仪器来非常精确地测量两个发射电子的能量，从而更容易从背景事件中分辨出真正的衰变。锗探测器阵列实验使用了 40 千克的锗。该实验是格兰萨索实验室的项目，也促成了克拉普多－克莱因罗斯衰变的出局。它的主要竞争对手，位于南达科他州铅镇地下深处一个旧金矿里的马约拉纳演示器，一直在用一个 44 千克的设备记录数据。

然而，根据我们对衰变寿命最乐观的估计，我们至少需要 1 吨的探测材料才能确保得到信号。这已经接近单个实验所能提供的极限，意味着研究人员需要合并资源。马约拉纳和锗探测器阵列的研究人员已经讨论过合作建立第一个使用 1 吨以上优化同位素的实验。这需要至少 10 吨可以提纯的锗原料——占全球年供应量的近 10%。如果没有用于此类研究，这些原料将流向科技公司，用于制造速度更快的电脑芯片。

未被发现的粒子？

即便物理学家观察到这样的衰变，这也不足以证明马约拉纳中微子就是背后的原因。也有可能在某种更复杂的机制中，某种尚未被发现的粒子扮演了中微子的角色，导致了这种罕见的衰变。区分这些机制并非易事，不过物理学家们的装备库很快又会有新的实验扩充进来——包括德国的卡尔斯鲁厄氚中微子实验，其目标是一劳永逸地确定三种基本中微子的质量，还有美国的地下深层中微子实验，其目标是确定质量与味的对应关系。如果无中微子双 β 衰变确实是由马约拉纳中微子引起的，物理学家可以利用这些实验得出的数据计算这一过程的寿命。然后，他们可以查看结果是否与直接探测的结果匹配。

如果不匹配，那就意味着有其他原因导致无中微子双 β 衰变。欧洲核子研究中心的大型强子对撞机目前正在直接探寻的一系列理论，包括超对称性的某些变体，都预测出了这种机制。然而，往往最简单的解决方案才是最好的，物理学中尤其如此——马约拉纳中微子的另一项优势是，它们可以解决为什么中微子如此轻这一棘手问题。

大多数基本粒子的质量都是通过希格斯场得到的。希格斯场是一个遍布宇宙的场，2012 年希格斯玻色子的发现证明了它的存在。但是，这些质量极小的中微子几乎不与希格斯场相互作用。这使得一些物理学家相信，一定还有其他产生质量的机制在起作用。

又轻又懒的中微子

其中最受欢迎的是跷跷板机制。在这种机制中，质量远超任何其他基本粒子的较重惰性中微子降低了它们较轻的同类粒子的质量。

惰性中微子在宇宙的最初时刻就会衰变，只留下较轻的变种。这在数学上是一个优雅的解决方案，大多数大一统理论都能预测到它——但只有在中微子是马约拉纳粒子的情况下，它才会有效。换句话说，不允许另外有一个不同的反中微子。

惰性中微子也在遭受着实验的围攻。南极冰立方中微子探测器的结果排除了惰性中微子在一定质量范围内存在的可能性，尽管较重的中微子仍然可能存在。

不管下一代探测器的结果将会支持马约拉纳中微子的存在抑或相反，它们都将使我们更近一步地理解中微子所涉及的怪异而奇妙的过程。希望我们不要等到宇宙的大限之日才发现它。

中微子暗示了为什么反物质没有炸毁宇宙

两项旨在研究中微子行为的实验可能会提示我们，为什么在早期宇宙中物质会打败反物质。

日本的 T2K（意为"东海到神冈"）实验观察了粒子在东海（日本地名）的日本质子加速器研究复合体和 295 千米外超级神冈中微子探测器之间运动时，在电中微子、μ 中微子和 τ 中微子之间的振荡。2013 年，研究小组宣布，他们发现，当 μ 中微子到达超级神冈时，它已经变成了电中微子。然后，他们用反中微子进行实验，看看普通粒子和反物质粒子的振荡方式是否存在差异。2016 年 7 月，加拿大多伦多大学的田中裕久发表报告称，反物质的版本似乎不太容易改变：变成反电中微子的反 μ 中微子数量减少了。

就其本身而言，T2K 的结果并没有很强的统计意义，但是它得到了"主注入器中微子"相似实验结果的支持，"主注入器中微子"是一个在伊利诺伊州和明尼苏达州之间发送中微子的实验。如果结果得到证实，这种不平衡也许就物质何以在 137 亿年前取得胜利的问题给予我们提示。

世界上最强大的中微子探测器

为了研究难以捉摸的中微子，人们投入了一些重量级的技术——在日本、加拿大、美国、德国和中国。

· 日本超级神冈探测器

中微子很少与物质相互作用，因此需要大规模的实验才能发现它们。日本超级神冈实验的核心是一个巨大的不锈钢水箱，直径 39 米，装满了 5 万吨纯净水。在中微子与水相互作用的罕见情况下，它会产生带电粒子，然后产生闪光。水箱周围有超过 1.3 万个灵敏的光探测器监视着这些闪光。超级神冈表明中微子在传播过程中会从一种类型转变成其他类型，就像草莓奶昔转变成巧克力或者香草奶昔一样。

· 加拿大萨德伯里中微子监测所

该设施位于加拿大安大略省一个镍矿地下 2 千米处，像超级神冈一样，深埋地下使它不会受到宇宙射线的干扰。在 2006 年关闭实验之前，它的容器内装满了 1000 吨的重水，并以和超级神冈差不多的方式发现了中微子。萨德伯里中微子监测所的专长是发现来自太阳的中微子。该实验的负责人阿瑟·麦克唐纳因发现中微子具有质量而荣获2015年诺贝尔物理学奖。

· 美国液体闪烁中微子探测器

液体闪烁中微子探测器为中微子物理学带来了最令人困惑的结果。这项实验在新墨西哥州的洛斯阿拉莫斯国家实验室一直进行到1998年。它的研究对象是在粒子碰撞中产生的中微子，寻找它们在三种类型之间来回转换的现象。然而结果并不符合预期：中微子仿佛消失了一样。如果存在第四种不参与相互作用的惰性中微子，结果就解释得通了。后来的实验似乎证实了液体闪烁中微子探测器的发现。然而，经过对南极冰立方中微子观测站近10万个中微子事件的分析，人们对惰性中微子的存在产生了一些怀疑。

· 德国卡尔斯鲁厄氚中微子实验

中微子曾被认为是无质量的，但是它们从一种类型转换到另一种类型的能力表明这是不可能的：中微子确实有质量，尽管低得令人困惑。多年来，研究人员一直试图测量这个质量，但是他们的设备不够灵敏。或许卡尔斯鲁厄氚中微子实验能拥有足够的灵敏度。位于德国卡尔斯鲁厄的探测器将观察氚的衰变，氚会产生一个中微子、一个电子和一个氦-3原子核。虽然中微子不会被探测到，但是它的质量可以根据电子的能量和动量计算出来。

· 中国大亚湾中微子实验

大亚湾实验位于香港以北50千米处，研究从附近两座核反应堆涌出的反中微子。团队在 2012 年发表了他们的第一个结果，完善了人们对中微子和反中微子如何改变味的理解。它独特的设计为未来的实验铺平了道路，比如江门地下中微子实验基地。该基地位于中国开平，比大亚湾实验的规模还要大得多，其建造工作从 2015 年开始，预计 2020 年将会有初步成果。

采访：寻找来自深空的中微子

2014 年，加拿大多伦多大学的天体物理学教授瑞·杰雅瓦达纳告诉《新科学家》杂志，通过研究来自外太空的中微子，我们如何对宇宙中一些最剧烈的过程有了新的认识。

中微子有什么有趣之处？

它们是基本粒子，具有相当奇特的性质。它们几乎不与物质发生作用，这使得它们很难被发现。每秒钟有数以万亿计的中微子穿过你的身体，可是在你的一生中，某个中微子与你体内的一个原子发生相互作用的概率大概只有 25%。

它们来自哪里？

有些来自太阳的中心，有些是宇宙射线撞击高层大气原子时产生的，还有在地球内部随着放射性元素衰变而产生的地中微子。穿过地球的中微子绝大多数都来自这三方面。但是人们对于探测来自更远地方的中微子——宇宙中微子——怀有很大的兴趣。

为什么宇宙中微子如此重要？

宇宙中一些更剧烈的现象会产生中微子，所以有一些非常基本的问题我们可以通过研究宇宙中微子来探求答案。不过到目前为止，我们只检测到两批。第一批来自超新星1987A，这是一颗在银河系的伴星系中爆炸的恒星。最近，位于南极洲的冰立方中微子观测站报告了大约28个高能中微子，几乎可以肯定它们来自宇宙。

冰立方的探测有多重要？

它标志着中微子天文学的开始。天文学不同于其他科学。一般来说，我们没法把猎物放在显微镜下，也不能在实验室里进行分析，我们只能依靠远处微弱的光源。到目前为止，我们已经比较充分地研究了电磁波谱。其他的宇宙信使我们只知道两个：引力波和宇宙中微子。

冰立方中微子的可能来源是哪里？

两个候选源是位于星系中心的超大质量黑洞和 γ 射线暴，它们可能是由大质量恒星死亡产生的。

宇宙中微子还能揭示什么？

宇宙大爆炸几秒钟后就应该已经有中微子产生了。凭借现有的天文学手段，我们只能追溯到大爆炸后38万年左右。如果我们能够探测到这些残留的中微子，我们就能回望到宇宙刚刚诞生的几秒钟内。问题是它们现在的能量很低，因此很难被探测到。目前的探测器灵敏度还远不足以看到它们。

中微子能像希格斯玻色子那样引起公众的想象吗？

希格斯粒子已经成了一则绝佳的故事。但是中微子让我们能够探索一些非常重大的问题，我认为这才是它们真正的有趣之处。它们已经准备好登上舞台中央。

7

致命的轻量级

希格斯玻色子的质量小于预期。这个事实可能会给我们整个宇宙带来灾难。

希格斯粒子，不过并非我们所知的那种

2012 年的希格斯玻色子狂欢之后，粒子物理学家一直在扪心自问：这个粒子是否真的是标准模型的关键组成部分？如果是，我们真的想要它吗？

随着标准模型逐渐成形，找到这种粒子变得越来越紧迫。该模型要求在非常早期的高温宇宙中，电磁力和弱核力是统一的。只是到了大爆炸后十亿分之一秒或者更早一点，希格斯场出现的时候，这两个力才分裂。这一灾难性的转变被称为电弱对称性破缺。W 玻色子和 Z 玻色子变胖，退到了亚原子的范围内。与此同时，没有质量的光子跑开，而电磁力则获得了目前这种无边无际的作用范围。与此同时，构成物质的基本粒子——如电子和夸克，统称为费米子——与希格斯场相互作用，也获得了它们的质量。从一片无质量的混乱中，一个有着一套质量等级的有序宇宙出现了。

这是个不错的故事，但有些人觉得它有点做作。问题在于，标准模型显然是不完整的。标准模型的缺陷表明，我们需要的根本不是一个标准的希格斯玻色子，而是某种与之有着微妙的或者根本性区别的东西——一把通往更深层次理论的钥匙。

身份问题

到目前为止，希格斯玻色子似乎稀松平常得令人沮丧。这颗诞生于 2012 年 7 月 4 日的粒子是在欧洲核子研究中心大型强子对撞机强大的超环面仪器和紧凑 μ 子线圈内部，通过筛选数万亿次质子碰撞的碎片而发现的。首先，人们发现它衰变为 W 玻色子和 Z 玻色子，这正符合人们对于赋予它们质量的粒子的期望。

除此之外，一个标准模型的希格斯粒子（见图 7.1）不仅要衰变为传递力的玻色子，还要衰变为制造物质的费米子。这里的水就有点混浊了。人们也见过这种粒子衰变成两个光子，这间接地证明了它与最重的夸克——顶夸克——发生了相互作用。根据理论，希格斯无法直接与光子交互，因为它没有电荷，所以它首先分裂成一对顶夸克及其反夸克，然后这两者再辐射光子。

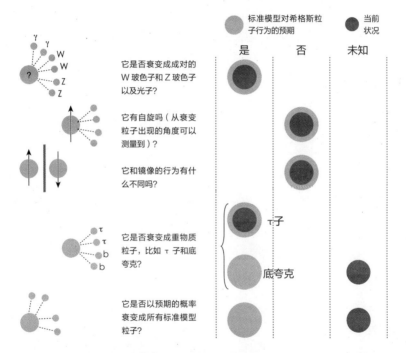

图 7.1　走向希格斯：标准模型希格斯玻色子必须满足若干条件。任何与预期行为不符的现象都可能暗示着某种久被期待的新粒子

　　现在我们还无法得出任何坚实的结论。我们对新粒子的质量相当了解（大约 1250 亿电子伏特，即 223 亿分之一微克），如果它是标准的希格斯粒子，这就决定了它衰变为各种粒子的速率，误差大约在 1% 以内。然而，由于到目前为

止观测到的衰变数量有限，新粒子衰变率的测量不确定度更接近于 20%。大型强子对撞机将继续努力 15 年到 20 年，以改进这一结果。

目前而言，我们只剩下一个看起来像是标准希格斯粒子的粒子，尽管我们还不能给出一个确凿无疑的证明。于是我们面对的是一头站在加速器隧道里面的大象：如果它是标准的希格斯粒子，它又怎么可能存在呢？

问题在于量子场论的预测，即通过从真空中借用能量，粒子会自发地吸收和发射虚粒子。因为希格斯玻色子本身会从它接触到的所有物体中收集质量，这些过程会使它的质量从 10^{11} 电子伏特的区间膨胀到 10^{28} 电子伏特。到了这时，粒子的质量已经进入了普朗克尺度，基本力变得疯狂，引力——所有这些力当中相对较弱的一个——变得和其他所有力一样强大。结果就是一个充满黑洞和扭曲时空的高应力宇宙。

寻找共谋者

避免这场灾难的一种方法是设定虚粒子涨落的强度，使它们全部抵消，从而令希格斯粒子的质量得到控制，宇宙更像是我们看到的样子。要想在理论尊严多少得以保全的前提下做到这一点，唯一的方法是引入一场由自然界某种合适的新对称所带来的共谋。目前，大多数物理学家在超对称理论（见第 8 章）预言的假想超对称粒子身上看到了共谋者的潜质。每个标准模型粒子都有一个与之配对的超对称粒子，而这些粒子的涨落恰好相互抵消。这些粒子必须很重：大型强子对撞机和早期粒子加速器一样，已经证明了它们的质量不可能低于某个值，目前这个值大约是假定的希格斯粒子的 10 倍。

这已经给哪怕最简单的超对称模型带来了巨大的压力。如果找不到质量小的超对称粒子，你可以调整理论，让它们带着较高的质量出现——然而我们也不能把标杆挪得太远。如果超对称粒子变得太重，它们稳定希格斯粒子质量的方式就会让人觉得不太自然了。超对称粒子还作为宇宙中缺失的暗物质的候选补位者受到了热烈追捧。其他的选择包括一些更加激进的粒子，比如那些存在于额外空间维度的粒子。

如果标准模型咬定的能量与量子场理论和爱因斯坦引力理论都失效的普朗克尺度的能量之间，差距大得根本没法调和，那又当如何？那样的话，我们该如何解释希格斯粒子的实际质量与量子理论预测的质量之间的巨大差异呢？一种叫作轴子的轻量假想粒子可能会防止希格斯粒子的质量膨胀（见下文）。

或者我们只管接受希格斯粒子目前的质量就是了？如果不是这样，所有粒子的质量和它们之间相互作用的强度就会非常不同，我们所知的物质就不会存在，也就不会有我们在这里担心这些问题。这种人择原理，也就是用我们的存在来排除宇宙中某些本来可能存在的属性，常常与多元宇宙的概念联系在一起——多元宇宙的概念是，存在着无数的宇宙，所有其他可能的物理现象都在各自的宇宙里发生着。

对许多物理学家来说，这样的论证实属似是而非。但是别管希格斯粒子的质量是不是已经被我们存在这一事实确定了，它都可能威胁到我们的未来，我们将会看到这一点。

宇宙灾难的边缘

我们的宇宙已经存在了近 140 亿年，但它可能会在眨眼间消失。如果时空结构处于物理学家所说的"假真空"的不稳定状态，那么它随时都有可能崩塌，把我们也连累进去。希格斯玻色子保持着宇宙的稳定——刚刚好。如果赋予质量的粒子更轻，宇宙就会迅速坍缩。

　　理解真空有多稳定的关键在于希格斯粒子、玻色子及其相关场。基本粒子通过与希格斯场相互作用获得质量，而希格斯玻色子的质量也取决于这些粒子。其中最重的是顶夸克，它对希格斯粒子的影响最大。根据最近对这两种粒子质量的测量，物理学家现在可以利用希格斯场的性质来推断时空真空的状态。

他们得到的消息不是太妙：我们的宇宙似乎命悬一线。

　　就像一枚从山上滚下来的球，真空最终会停留在尽可能低的能量状态。然而，如果在半山腰有一条小沟，球就会被卡住。球会获得一定的稳定性，但也有进一步向下滚动的可能。看起来我们可能正处于这样的一条沟中（见图 7.2）——尽管测量数据还不够精确，不能确定。

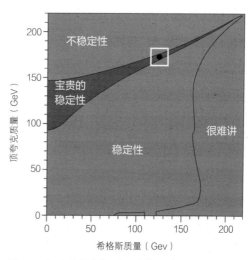

图 7.2　如果顶夸克相对于希格斯玻色子稍微重一点，宇宙早就崩溃了

希格斯粒子质量之谜

　　如果我们相信标准模型——我们最好的粒子物理学理论，那么一粒尘埃应该和一头吃得很好的大象一样重。这是因为它预测希格斯粒子应该有着巨大的质量，而这个质量反过来又会使其他基本粒子——电子、夸克和中微子等——比我们测量到的结果重 10 亿亿倍。几十年来，这个"级列问题"一直困扰着

物理学家，从来没有一个简单的答案。我们最好的模型无法解释为什么赋予其他粒子质量的希格斯玻色子质量这么小。

重新提出 40 年前的一个想法，可能会让这个谜题和另外两个谜题得到解答。由于大型强子对撞机一直没能发现证据，超对称性这一古老的领跑者已经失宠，但答案可能一直就在我们的鼻子底下。理论物理学家们在 20 世纪 70 年代提出的一个假想玩物可能会使这个问题消失。

在量子力学的规则下，希格斯玻色子可以暂时转变成各种各样的其他粒子，在这个过程中获得它们的质量。把这些量子涨落的影响加起来，我们得到希格斯粒子的质量大约是 10^{28} 电子伏特——大致相当于一根睫毛。我们知道它的质量不可能这么大，因为这会反过来使其他粒子超重。当大型强子对撞机的研究人员发现希格斯粒子的质量只有区区 1250 亿电子伏特时，这就证实了我们对希格斯粒子的了解中存在着巨大的缺失。

要解释这个巨大的差异，一个简单的办法是假设它有某种内禀质量，不受所有量子涨落的影响，而且这个质量也非常大。那么所有对整体质量的单独贡献几乎都相互抵消了，剩下的就是我们实际测量的质量。

宇宙比例的巧合

两个毫不相关的巨大数字几乎完全抵消的可能性有多大？从这个角度看，级列问题是一个宇宙比例的巧合。这有点像是把高尔夫球击向果岭，却看到它蹭到一棵树，偏进了一个沙坑，反弹到湖里，然后又反弹到你击球的球杆旁边。如此渺茫的概率不仅仅局限于玻色子。因为所有基本粒子的质量都与希格斯粒子成比例，所以这个问题几乎影响了一切。

理论物理学家们喜欢超对称理论，因为它似乎提供了一种解决方案。但是如果它预测的超对称粒子一直不出现呢？

2014年，卡普兰在加州大学伯克利分校的同事苏尔吉特·拉贞德兰和斯坦福大学的彼得·格拉姆设计了一种新的实验来检测另一个选项：轴子。如果存在，轴子将是一种电中性的轻粒子，会产生自己独特的力。它们是在40多年前首次被提出，用来解释棘手的强CP问题，这个问题问的是为什么强力能保持CP对称，而弱力却不能。它们也是暗物质的主要候选者。

目前设计出来的轴子探测器都还没有任何发现。拉贞德兰和格拉姆曾经提出一个新设计，正准备申请建造资金的时候，一个团队声称，利用南极附近的宇宙泛星系偏振背景成像望远镜，他们发现了寻找已久的宇宙早期快速膨胀时期的证据。这似乎排除了轴子存在的可能性，然而拉贞德兰不那么肯定。他最终解决了如何将这一观测结果与轴子的存在相容的问题。它需要轴子在早期宇宙中有较大的质量，然后逐渐消失。

后来宇宙泛星系偏振背景成像望远镜团队的说法被证明是错误的，但是这件事引发了拉贞德兰的思考。如果轴子的质量可以随着时间的推移而减少，那么这是否也适用于其他粒子，比如希格斯玻色子？拉贞德兰、格拉姆和卡普兰将这一想法应用到级列问题中，认为轴子和希格斯粒子的质量是相关联的，就像一根轴上的两个轮子。这两种粒子最初都可以在早期宇宙中拥有标准模型预测的巨大质量，然后缓慢地走下坡路。

为什么希格斯粒子的质量止于1250亿电子伏特，而不是继续下降呢？研究小组的想法是，只有当希格斯粒子的质量下降到某一特定值以下时，希格斯粒子赋予质量的性质才会生效。而这件事一旦发生，它的质量也就固定住了。希格斯玻色子突然给予夸克质量，夸克通过强力与轴子相互作用。这就限制了轴子的质量，进而限制了希格斯粒子的质量。

研究小组建议将轴子（axion）的名字改为"松子"（relaxion），因为它可以使希格斯粒子的质量很好地"松弛"到它的观测值。尽管看上去有些做作，但是相对于解决级列问题的其他方法，松子的想法确实有一个优势。现在已经有探测器在寻找轴子了，比如最近在华盛顿大学西雅图分校开展的改进轴子暗物质实验。

格拉姆、卡普兰和拉贞德兰正在研究一个大胆的新想法。松子理论能解开第四大谜团吗？宇宙学常数是物理学家用于代入方程的数字，表示将空间推开、使宇宙膨胀的暗能量。符合观测结果的膨胀速率需要一个非常小的数值，然而量子场论则暗示它应该非常庞大。这个矛盾也许可以用类似的松弛论证来解决。

希格斯玻色子诺贝尔舞会

2013 年 12 月，彼德·希格斯和弗朗索瓦·恩格勒共同获得诺贝尔物理学奖，《新科学家》杂志的瓦莱丽·贾米森受邀参加颁奖典礼。下面是她对那次经历的描述。

"科学家们都梦想接到斯德哥尔摩打来的电话。我是在用吸尘器打扫客厅时接到的。'你愿意来参加宴会吗？'一位诺贝尔基金会的人问道。我心里乐开了花。我没有获得诺贝尔奖，但是这一场颁奖典礼是任何一位对宇宙感兴趣的人都会喜欢的，因为这次奖励的是对物质组成构件获得质量机制的发现。

"对我个人来说，这也很有意义。在希格斯粒子被发现之前很久，我就进入过现在大型强子对撞机所在的隧道，漫步于质子很快将以光速撞到一起的地方。抬头看着几层楼高的超环面仪器和紧凑 μ 子线圈，我真是感到了自己的渺小。它们将会开展捕获希格斯粒子的工作。当第一批质子在2008年发射时，我又回到了那里。参加诺贝尔颁奖典礼是下一个篇章。

"12月10日，当我到达斯德哥尔摩音乐厅时，我意识到这是瑞典的奥斯卡颁奖典礼——人群簇拥在外面的广场上，入口处有两名裸体抗议者。里面就像一场物理学界的明星聚会，也是一部我们对宇宙中的粒子和力提出的最优理论——标准模型的活历史。

"那里有卡洛·卢比亚，他发现了W粒子和Z粒子，因此获得了1984年诺贝尔物理学奖。这两种粒子携带造成放射性衰变的弱力。我还认出了格哈德·胡弗特，他因为驯服了标准模型难以处理的方程式而在1999年获奖；还有2004年的获奖者戴维·格罗斯和弗兰克·威尔切克，他们获奖的缘由是对保持着原子核凝聚不散的强力的研究。

"这些人建立了标准模型，但是在希格斯粒子被发现之前，模型并不完整。恰好，我不得不等到晚上最后一刻才见到彼得·希格斯。他和恩格勒正在领导一场反对着装规定的斗争：'他们想让我们穿这些可笑的鞋子。我和弗朗索瓦发动了一场反抗运动。'希格斯说，'我想我们可能会被赶出去。'"

8

超对称粒子以及更多

标准模型似乎有些步履蹒跚，下一步该怎么办？物理学家们正焦急地扫视着地平线，寻找前所未见的古怪粒子。

大型强子对撞机真正在寻找的是：超对称性

2012 年希格斯玻色子的发现标志着粒子物理学家修建了半个世纪的大厦——标准模型——成功封顶。但是自那以后，随着大型强子对撞机持续运转并不断提升粒子的能量，粒子物理学家由于没有新的发现而越发地感到焦虑。我们知道标准模型是不完整的。它对第四种基本的自然力——引力——只字未提；对暗物质的性质保持沉默；需要微调才能将希格斯玻色子的质量降到可控范围内（见第 7 章）。所以这个模型必须被纳入一个更大的模型之内。如果在希格斯玻色子之后，大型强子对撞机再也找不到更多的东西，粒子物理学就会陷入死胡同，找不到下一步的方向。

最重要的是，物理学家希望能为囊括一切的超对称性理论找到证据，让它们走上统一之路。在今天的宇宙中，标准模型中的三种力有不同的强度和范围，但是在 20 世纪 60 年代，当时在哈佛大学的斯蒂芬·温伯格与阿布杜斯·萨拉姆以及谢尔顿·格拉肖一道证明了，在早期宇宙中普遍存在的高能状态下，弱力和电磁力有相同的强度。事实上，它们是统一的同一种力。人们的期望是，如果你朝着大爆炸回溯到足够早的时间，强力也会屈服，并与电磁力和弱力统一在单独的一个超力中（见图 8.1）。标准模型可以做到这一点——但是只能近似地实现。这种不太准确的统一很快就开始让物理学家们感到困惑。

然后超对称闪亮登场。它首次出现在苏联物理学家尤里·高尔方和叶夫根尼·利希特曼的研究成果中。德国卡尔斯鲁厄大学的朱利叶斯·韦斯和加州大学伯克利分校的布鲁诺·祖米诺在几年后使它受到了更广泛的关注。

超对称的目的是扩展物理学家喜爱的简化原理——对称性，并证明粒子域分裂成费米子和玻色子是存在于早期宇宙中的对称性破缺的结果。今天，每

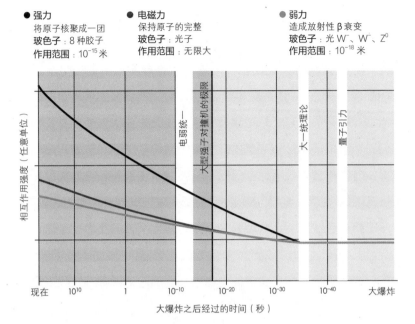

● 强力
将原子核聚成一团
玻色子：8 种胶子
作用范围：10^{-15} 米

● 电磁力
保持原子的完整
玻色子：光子
作用范围：无限大

● 弱力
造成放射性 β 衰变
玻色子：光 W⁻、W⁻、Z⁰
作用范围：10^{-18} 米

图 8.1　我们今天所知的力强度差别很大。但是如果我们可以把时间回溯到大爆炸，或者在粒子加速器里面模拟它的状态，我们就可以看到它们的强度趋同，最终统一成一个超力

个费米子都将与一个质量更大的超对称玻色子配对，每个玻色子也拥有一个费米子超级兄弟（见图 8.2）。例如，电子有标量电子（一个玻色子）作为它的超对称伙伴，而光子与光微子（一个费米子）为伴。

　　该理论的关键在于，在早期宇宙的高能汤中，粒子和它们的超级伙伴是无法区分的。每一对都作为单个无质量实体共存。随着宇宙的膨胀和冷却，这种超对称性被打破。组成超级搭档的双方分道扬镳，成为各自拥有独特质量的独立粒子。

　　超对称性解决了所谓的级列问题（见第 7 章），也就是说，根据量子场论，

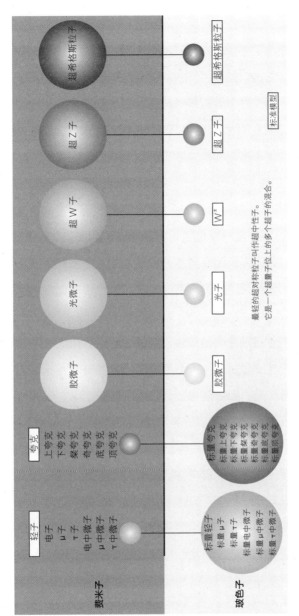

图 8.2 超对称粒子大家族。粒子的数量得以翻倍,每个费米子都有一个大质量玻色子作为其超级伙伴,反之亦然

希格斯粒子和其他粒子本该具有巨大的质量。超对称性理论可以解决希格斯粒子与那些导致其质量失控的基本粒子相互作用所带来的所有麻烦。它们只不过是被其超对称伙伴的贡献抵消了。随着超对称性的加入，代表这三种力强度的曲线可以在早期宇宙中以惊人的精确度组合在一起。

这足以使许多物理学家转变为真正的信徒。但是当他们开始研究新理论提出的一些问题时，事情就变得非常有趣了。

寻找超对称粒子

一个紧迫的问题是超对称粒子目前的下落。电子、光子之类的粒子在我们身边比比皆是，然而无论是在自然界中还是在加速器实验中，都没有标量电子和光微子的迹象。如果这样的粒子存在，它们的质量肯定非常大，需要大量的能量来制造。

如此巨大的粒子会衰变为由最轻、最稳定的超对称粒子构成的残留物，这种粒子被称为超中性子。超中性子不带电荷，通过弱核力与正常物质羞怯地相互作用。毫不奇怪的是，到目前为止，它还没有被发现。

当物理学家们精确地计算出应该有多少超中性子残留物时，他们很是吃了一惊。结果是一个巨大的量——远远超过宇宙中所有的正常物质。超中性子似乎符合了暗物质应该具备的所有特征，而天文观测令我们相信，暗物质在宇宙占据着主导地位。

所有这些似乎都表明，理论中隐藏着一些基本真理。然而数学的美和承诺是不够的：你还需要实验证据。在那些旨在发现和描述穿过地球的暗物质的实验中，人们或许可以发现超对称性的间接证据。这其中包括在加拿大萨德伯里附近的一个矿井中进行的超级低温暗物质探索实验，以及在意大利中部格兰萨索山下进行的 XENON1T 实验（XENON 意为"氙"，XENON1T 是 XENON 暗物质计划中数个探测器之一）。美国国家航空航天局的费米卫星这样的太空探测器也在银河系中搜寻着两个超中性子相遇并湮灭时可能产生的信号。

如果我们能在加速器中制造超中性子，最有力的证据便会浮现。由于超中性子几乎不与其他粒子相互作用，所以它会躲过探测，但这反倒可能使它们更容易被发现，因为它们携带的能量和动量看起来丢失了。

我们还没有完全确定这个加速器需要多强大。超对称伙伴的质量精确地取决于超对称性的破缺发生在宇宙冷却过程中的哪个时刻。但是根据最简单、最美观的超对称理论形式（被称为约束极小），夸克的超伙伴（超夸克）的质量低于 1 万亿电子伏特。这正好在大型强子对撞机的能量范围内——然而它还没有探测出过这种粒子。出了什么问题？

普通超对称理论

迄今为止，在大型强子对撞机上对超对称粒子的搜寻工作主要集中在"超顶夸克"身上，也就是标准模型中顶夸克对应的超夸克。在超对称理论的大多数版本中，超顶夸克是最轻的超夸克。在"最基本"约束极小超对称理论中，其他的超夸克也并不比它重很多。它们都应该在大型强子对撞机上产生，其中较重的那些会衰变为超顶夸克，形成难以忽视的超顶夸克洪流——而这恰恰就是我们一直没有观测到的。

也许我们需要考虑更加复杂的超对称理论版本，那些需要更多的假设和自由参数才能有效的版本。其中一些允许在大型强子对撞机还没有测试过的区间存在质量更大的超夸克和超胶子，同时仍然给出了低于 1 万亿电子伏特的超顶夸克质量。如果这些模型是正确的，大型强子对撞机产生的较重的超夸克数量就会少得多，甚至可能根本不会产生。然后我们只需要改进搜寻方式，例如，寻找直接产生，而不是作为某个更重粒子衰变产物的超顶夸克。

突然之间，人们开始讨论在超对称模型中对一大堆自由参数进行微调，以期获得正确的结果——而避免这样的敷衍了事原本是人们提出超对称理论的目的。这便引出了一个更激进的结论：或许超对称理论已经无可救药了？

一些物理学家已经在重新审视可能取代它的旧模型（见图 8.3）。其中有前一章讨论的轴子理论。此外还有现在供职于奥斯汀市得克萨斯大学的斯蒂芬·温伯格提出的想法。1979 年，他与斯坦福大学的莱昂纳德·萨斯坎德合作，以乏味的质子作为立论的出发点。质子是由被胶子绑定在一起的夸克构成的，胶子负责传递强核力，然而质子大部分的质量不是来自夸克而是来自内部的绑定

标准模型

由于与周围不断涌现的短命粒子之"海"发生相互作用，希格斯粒子的质量会膨胀。

标准模型粒子

艺彩理论方案

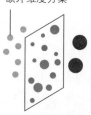

希格斯粒子是由更小的粒子构成的。这些小粒子与"海"没有那么多相互作用，防止了总体质量的膨胀。

合成的希格斯粒子

好处：不是超对称理论
坏处：数学计算困难

超对称理论方案

每一个"海"中的粒子都有一个更重的"超级伙伴"，作用是减少希格斯粒子的质量。

超对称粒子

好处：优雅
坏处：没有找到证据

额外维度方案

希格斯玻色子和引力子（传递引力的假想粒子）存在于第五维度的不同部分，限制了赋予希格斯粒子质量的相互作用。

好处：数学计算简单
坏处：概念上晦涩

图 8.3 理顺级列问题：标准模型及其替代选项

蕴含的能量（见第 4 章）。这些色荷的相互作用是强核力在当今宇宙低能状态下的表现。温伯格和萨斯坎德推断，如果在早期宇宙中，类似的机制能够在更高的能量条件下生效，那就可以解释为什么像夸克这样的基本粒子本身就具有质量，而不需要希格斯粒子。这是一个光明的新前景，他们称为"艺彩理论"。

但是艺彩理论的数学推导很困难，而且它提出的少数可验证预测也并不怎么符合大型正负电子对撞机的实验结果。在 2001 年之前，该对撞机一直是欧洲核子研究中心的主要加速器。通过对该理论进行微调，人们缓解了其中的一些问题，但是艺彩理论的光环还是很快就褪去了。

引力为什么那么弱？

20 世纪 90 年代末，拉曼·桑德拉姆与哈佛大学的丽莎·兰德尔提出了另一个选项。级列问题与希格斯粒子的质量膨胀到远超其他已知粒子的质量有关，但是它也可以有另外一种阐述方式：为什么标准模型没有涵盖的引力比其他力弱得多？例如，电磁力比它要强将近 10^{34} 倍。如果引力更强，那么通过希格斯机制获得质量的粒子质量就会更接近希格斯粒子，问题便会迎刃而解。反过来说，如果能找到一个理论，内含对引力如此弱的解释，问题也就解决了。

兰德尔和桑德拉姆的数学推导为我们期望的引力较弱状态提出了一个新的解释：在我们的四维时空之外，还有一个看不见的第五维度。在这幅图景中，我们就像生活在一张纸的二维平面上的蚂蚁。它们四处奔波，却没有意识到它们的世界也有一个极小的三维空间，也就是纸的厚度。兰德尔 - 桑德拉姆模型表明，那些调节引力的粒子、引力子，更喜欢居住在五维宇宙的一条维度上——你可以理解为纸张的侧面。与此同时，希格斯玻色子却在我们所在的维度。这限制了引力子与电子、夸克等通过希格斯机制获得质量的粒子之间的相互作用，因此，在我们四维的时空近似中，引力显得很弱。在一个完整的五维视图中，它和其他所有力一样强大。

有人建议我们应该把艺彩理论和兰德尔－桑德拉姆模型结合起来。1997年，新泽西州普林斯顿高等研究院的胡安·马尔达塞纳证明了，如何通过增加一个额外的维度，便令四维时空（比如我们的时空）中难缠的强相互作用理论变得容易处理了。兰德尔和桑德拉姆认为，这可以在他们的理论和艺彩理论之间架起一座桥梁。自那时起，他们一直在研究相关细节。

与艺彩相近的理论当中，最有希望的一个并没有完全排除希格斯玻色子，但是认为它不是一种基本粒子，而是由其他新的基本粒子组成的一种"束缚态"，就像质子实际上是一群被束缚的夸克和胶子。它预测了作为合成粒子的希格斯粒子如何衰变，而大型强子对撞机应该能够对此展开测试。它还预测了新的粒子：已知粒子质量大于1万亿电子伏特的共振态，这些粒子因为在第五维度的振动而具有额外的质能。

人们希望，欧洲核子研究中心的庞然大物或许还能找到一些东西——超对称理论的超顶夸克、兰德尔和桑德拉姆的共振，或者一些完全不同的东西——为建立一个更新、更全面的物质理论指明道路。

阴影世界：我们第一次窥见黑暗力量？

想想暗物质猎手吧。根据对星系和星系团旋转方式的宇宙学观察，这种难以捉摸的物质构成了宇宙物质的大部分。然而每当物理学家就要抓住它时，它都会溜走。他们观察不到预期的信号，或者发现了一些令人兴奋的东西，却又看着它消失在背景噪声中。每次都是一样的结果：他们换上一副强颜欢笑的表情，回到画板前面，重新开始寻找。

现在可能是时候改变策略了。也许我们要寻找的不该是单一种类的暗物质粒子，而是一个由黑暗粒子和力组成的"动物园"——一个全新的"黑暗部门"。毕竟，我们没有理由认为暗物质的复杂程度会比不上我们称之为普通的可见物质，而普通物质包含了从电子到夸克的各种粒子。

人们在讨论一个完整的影子世界。在这个世界里，看不见的粒子通过恒星、行星以及我们自己等普通物质所感受不到的力相互影响。如果实验室中出现了黑暗力量经得起推敲的微弱迹象，那么这个黑暗领域可能已经显露出来了。

早在20世纪30年代，天文学家就发现，根据可见的恒星产生的引力作用，星系之间相互绕转的速度要远远比预期快。40年过去了，我们发现星系内的恒星似乎也旋转得太快了。在对宇宙的模拟中，普通物质的引力不足以让它们在原始气体中凝聚成星系和星团。要么是牛顿和爱因斯坦提出的万有引力定律需要实质性的改写，要么是某种看不见的物质形式产生了更大的引力分量。大多数天文学家倾向于第二种选择——暗物质。他们计算出暗物质与正常可见物质的质量之比约为4∶1。

不管这种东西是由什么构成的，它必须有质量，这样它才能感觉到并产生引力。但是它没有电荷，所以不与光发生相互作用。几十年来，最主要的候选粒子一直是弱相互作用大质量粒子。人们通常认为它比质子重得多。它可能就是超对称理论中的超中性子，一种可能大量产生于大爆炸的最初时刻的稳定粒子。

寻找弱相互作用大质量粒子

附近某个矮星系在 γ 射线波段的辉光可能含有一些这些粒子存在的证据

（参见下面的"弱相互作用大质量粒子的蛛丝马迹？"），但是在地球上，众多极其灵敏的探测器却不曾记录下一个弱相互作用大质量粒子。在一些研究人员看来，是时候改弦更张了。

我们考虑更夸张选项的理由还不止于此。我们现在对星系旋转的观测可以细致到足以弄清楚暗物质在星系中的分布。简单的弱相互作用大质量粒子模型表明，它在星系中央的密度应该非常大。然而，最新的观察结果表明，它的分布较为均匀。对此现象的一种解释是，某种只在暗物质粒子之间起作用的力将它们推散了。

这是个颠覆性的想法。加州大学欧文分校的冯孝仁表示，一旦你开始考虑暗物质粒子之间的作用力，你就进入了一个全新的领域。你可以想象一个由黑暗粒子及其所有的力组成的大家庭。

黑暗家庭的想法并不是一个全新的概念。2006 年，天文学家们研究了子弹状星系团，那是两个正在碰撞过程中的星系群。他们提出，碰撞的速度太高，不可能仅仅由所涉物质——暗物质和普通物质——的引力来解释。他们认为额外的拉力一定来自暗物质粒之间的引力。

弱相互作用大质量粒子的蛛丝马迹？

暗物质可能并不像它的名字所暗示的那样黑暗。如果像大多数物理学家认为的那样，这种神秘的物质是由弱相互作用大质量粒子组成的，那么它们将具备物质和反物质两种形式。两者接触时会产生大量高能光子，即 γ 射线。

星系中往往挤满了数十亿颗恒星，因此几乎不可能排除 γ 射线的其他来源，但是在过去几年里，天文学家发现了一群附近的超暗矮星系。它

们的恒星数量不超过数亿颗。人们认为这些小星系也拥有凝聚程度异常高的暗物质，使它们成为寻找其产生的 γ 射线的理想场所。

2015 年，宾夕法尼亚州匹兹堡市卡耐基梅隆大学的阿利克斯·吉林格－萨梅斯和他的同事们在研究一个新发现的矮星系——Reticulum II。该星系距离地球只有 10 万光年。在美国航空航天局费米 γ 射线太空望远镜的观测结果档案中，他们发现了似乎过量的 γ 射线。

有人提出批评意见，认为除了 Reticulum II 之外，可能还有隐藏的 γ 射线源。目前人们还没有计划制造新的 γ 射线波段望远镜来提供更精确的观测，而且除非我们在附近发现更多的矮星系，好去查阅费米望远镜的档案，这将仍然只是一个太空中或许存在弱相互作用大质量粒子的诱人暗示。

携带暗力的粒子

更细致的模拟证明，子弹状星系团的碰撞速度并没有超出我们的预期。但是对暗力的怀疑从未消失。研究人员认为，地球上的粒子实验中产生的异常结果可能也暗示了暗力的存在。例如，在一种被称为 μ 子的普通物质粒子（电子的较重版本）的磁特性方面，理论和实验之间长期存在的差异，可以用携带暗力的粒子米解释。冯孝仁认为，我们可能已经在匈牙利的一个核物理实验室里找到了这种粒子到目前为止最令人信服的证据。

在位于德布勒森的匈牙利科学院核研究所，阿提拉·克拉斯纳霍凯领导着一个小组研究铍 -8 原子核的放射性衰变。铍是一种自然产生的轻元素，当原子核含有 4 个质子和 5 个中子时，它是稳定的。但是如果质子和中子都只有 4 个，同位素铍 -8 会在转瞬之间分裂成两个氦核。之前的实验已经暗示了这一特定衰变的某种奇怪之处，克拉斯纳霍凯和他的同事想要确定它。

为了制造铍-8，他们向极薄的锂-7薄片发射质子。铍衰变，释放出成对的电子及其对应的反物质，也就是正电子。在标准粒子理论中，大多数粒子对的发射方向应该与入射的质子束大致相同。但是匈牙利人意外地发现，有两条明显的侧流，几乎与他们预期的方向呈直角。如果说衰变创造了一个慢速运动的粒子，存在了短暂的时间，然后衰变为电子和正电子，将它们朝几乎相反的方向喷出，那么这样的行为正是应当被预计到的。

研究小组计算这个假想粒子的质量时，发现它完全不符合粒子物理学的标准模型。相反，他们的数字表明，它的质量约为1700万电子伏特——仅仅是电子质量的33倍，而且比任何弱相互作用大质量粒子都轻得多。没有任何已知的自然力能产生这样的粒子。

暗光子

经过3年的钻研，小组于2015年公布了他们的研究结果。他们把这种粒子称为暗光子。通过类比光子携带电磁力的方式，这个粒子将在暗物质粒子之间携带一种未知的力。

冯孝仁和他的同事们采信了这个结果，并寻求他们自己的解释。他们还想解决一个恼人的疑问：既然匈牙利研究小组发现这个假定新粒子的实验是世界上大多数物理实验室都能够做到的，为什么之前没有其他人注意到它呢？

除了携带暗物质粒子间的暗力外，假想的暗光子还应该携带一点普通的电磁力。因此，它应该偶尔与正常物质中的质子和电子相互作用。但是当冯和他的同事计算这种相互作用的强度时，事情变得更加复杂了。"这绝不可能是一个暗光子。"冯孝仁说，"如果是的话，我们应该在其他实验和粒子加速器中看到成百上千的其他效应。"

如果不是暗光子，那么它是什么？冯孝仁的研究小组探寻了暗粒子有可能与我们熟悉的物质发生相互作用——哪怕只是轻微的相互作用，从而引发铍反常衰变的其他方式。他们发现，要想符合我们在已知自然力的实验中所看到的一切结果，它不能像传统光子那样与质子和电子相互作用，而是必须与铍原子核内的中子相互作用。这一性质超出了我们所知的物理学范畴，这也许可以解释为什么人们在以前的暗物质探测实验中没有发现过这种粒子。冯孝仁的研究小组称这名闯入者为"疏质子 X 玻色子"。

并不是每个人都相信可见物质宇宙之外还有一个完整的阴影世界，然而冯孝仁的理论是可以检验的。通过弗吉尼亚州纽波特纽斯的托马斯·杰斐逊国家加速器，暗光实验已经在冯孝仁的团队计算出的质量区域寻找粒子。欧洲核子研究中心的大型强子对撞机底夸克实验也将在夸克及其反粒子的衰变中寻找它。

制造暗物质的六种方法

1. WIMP（弱相互作用大质量粒子）。暗物质最标准的解释是，它是一大团缓慢移动的重粒子，这种粒子就是弱相互作用大质量粒子。它们当然可以帮助人们对星系旋转的方式，以及星系和星团的形成给出解释。但是目前还没有探测器确凿无疑地发现过 WIMP，而且它们所看到的线索表明 WIMP 仅为预期的十分之一。如果真有这样的轻量级 WIMP 存在，它们的质量位于允许范围的最低端。

2. MACHO（大型紧凑的晕状物体）。这种观点认为，暗物质只是隐藏在星系边缘的普通物质——"巨大的天体物理紧密的晕状物体"，暗淡到看不见。候选者包括黑洞以及失败的恒星。可惜的是，MACHO 只能解释宇宙缺失质量的一小部分。

3. **Macro（宏）**。暗物质也可能是由密集的夸克簇构成的，夸克是成对或三个一组构成普通物质的粒子。这些"Macro"可能拥有和中子星一样的密度，而且非常重。也许有一天我们可以通过在月球上部署地震检波器来发现它们。

4. **轴子**。作为 WIMP 的缩小版，轴子与普通物质的相互作用会更弱。尽管轴子暗物质实验等项目扩大了搜索范围，但结论仍未揭晓。

5. **惰性中微子**。中微子能够穿透其他物质，几乎就像它们本身不存在一样。但是它们太轻，太敏捷，不可能是暗物质。惰性中微子会是一个更重、更冷漠的版本。

6. **引力微子**。在将广义相对论与超对称理论融合的尝试中，引力子是携带引力的粒子，而引力微子则是引力子的假想超级伙伴。它正好符合暗物质粒子的条件。问题是超对称预言的许多重伴粒子都还没有存在的迹象。

古怪的粒子解决物理难题

标准模型留下了许多有待回答的问题。为什么物质在我们的宇宙中占主导地位？引力的本质是什么？什么是暗物质？为了回答这些问题，物理学家们一次又一次地采用同一条权宜之计：发明一种新粒子……

轻子夸克

1994 年，在德国汉堡的德意志电子同步加速器实验室，一组物理学家正在让电子与质子迎面相撞，这时他们看到一个电子明显地变成了它较重的对应物——μ子。这样的转化需要电子从质子中获取能量来转化成质量——这在标准模型中闻所未闻，因为电子和质子是非常不同的粒子。质子是由强力约束而成的复合物，电子和μ子则是基本粒子，统称为轻子。它们根本感觉不到强力。

一种可能性是，碰撞产生了一个重量级的杂交品种，被称为轻子夸克。在一些把四大自然力中的三种糅合成一个的大一统理论中，当一个电子撞击一个质子时，就会有这种轻子夸克形成并衰变为一个μ子和一个夸克。

那次的结果再也没有复现过，人们的兴奋情绪也渐渐消退了。然而，大一统理论的诱惑依然存在，在今天的大型强子对撞机上，对轻夸克的探索仍在继续。

弦球

弦理论是一个能将两个不同尺度结合起来的种子选手，很受欢迎。这两个尺度分别是，标准模型当道、粒子做主角的微观量子世界，以及引力统治的宇宙级距离（见第9章）。弦理论认为，电子、夸克等粒子其实是仅有 10^{-35} 米长的能量弦，以不同的方式振动。如果是这样，大型强子对撞机或者未来的加速器可能会产生弦球。当两根弦相互撞击时，它们就会形成一团缠绕在一起的球，而不是一根被拉长的弦。如果找到了它们，弦理论便得到了证明。除了我们已知的三个维度，该理论需要更多的空间维度。

暴涨子

为什么空间如此平滑，为什么宇宙中物质的分布如此均匀？标准的解释是，宇宙在诞生后不久，经历了一段急速膨胀的时期。在这段时间里，空间的某些区域以比光速还快的速度被撕裂，所有的褶皱都被抚平了。这种膨胀背后的驱动力是一个巨大的能量场。在化作其他物质和辐射之前，它曾短暂地统治了宇宙。量子理论认为每个场都有一个相关的粒子——在这个粒子中是暴涨子。它的存在将会导出一些有趣的推论。膨胀场中的量子涨落使得完全关闭变得非常困难，因此原始宇宙的某些部分仍然在膨胀，形成一个由许多独立发展的宇宙组成的多元宇宙。

暴涨子的直接证据不会很快出现，因为它们必须有巨大的质量。你需要的加速器必须能够产生至少相当于大型强子对撞机1万亿倍的能量。

弱作用巨兽粒子

有一天，物理学家洛基·科尔伯正在伊利诺伊州的沃伦韦尔购物，思忖着该给他和同事们刚刚发明的一种暗物质粒子取什么名字。一辆公共汽车驶过，车身上贴的一张电影海报提供了答案。那是1998年，《哥斯拉》的翻拍版刚刚上映。弱作用巨兽粒子出生了。

在宇宙的第一秒内，在急速膨胀阶段，空间的扩张可能会从真空中剥离出粒子。科尔伯和他的同事计算出，其中可能有比标准弱相互作用大质量粒子重10亿倍的暗粒子，其质量相当于好几百亿亿（10^{18}）电子伏特。

庞大的质量意味着，这种弱作用巨兽粒子应该是极其罕见的。就像暴涨子一样，它们不能在粒子加速器中被制造出来，也不太可能游逛到寻找弱相互作用大质量粒子的地下探测器中。但它们可能会在宇宙微波背景辐射中——也就是弥漫在天空中的大爆炸余晖中——留下细微的痕迹。

孤单磁极：寻找没有南的北

正如电荷分正负，磁极也分南北。但是，从最不起眼的条形磁铁到地球强大的内部发电机，磁极总是成对地出现。把一块磁铁切成两半，就像迪士尼电影里魔法师的学徒对他的魔法扫帚所做的那样，你就能打造两块完整的磁铁，每块都有一个北极和一个南极。

虽然没有人见过没有南极相伴的北极，或者没有北极相伴的南极，但是许多理论物理学家仍然对找到这样一个单极子抱有希望。首先，它将完成詹姆斯·克拉克·麦克斯韦在 19 世纪 60 年代整理的方程式。它们概括了这样一个观点：电和磁实为一体之两面，这"一体"便是作为基本力之一的电磁力。麦克斯韦方程组适用于单个的、自由移动的电荷，自然界中，这些电荷以粒子（如电子和质子）的形式大量存在着。类似的自由磁荷会给方程带来一种美学上令人愉悦的对称性，但是在没有任何观察记录的情况下，麦克斯韦放弃了美，在他的方程中排除了自由移动的单极子。

多亏了保罗·狄拉克，磁单极子得以回归。这位以不善言辞著称的英国理论物理学家痴迷于数学之美。1931 年，狄拉克将量子理论的思想应用到麦克斯韦的经典电磁学中，指出即使整个宇宙中只有一个磁单极子，它的存在也能解释为什么我们看到的所有电荷都是同样大小的正电或者负电电量的整数倍。

40 年过去了，物理学家们一直在寻找将电弱相互作用与强核力统一起来的方法。格哈德·胡弗特和亚历山大·泊里雅科夫分别证明了磁单极子是必不可少的，否则这样一个大一统理论将允许粒子具有各种电荷。

对磁单极子的追求

从南极冰到月球岩石，研究人员到处寻找着磁单极子。但是我们最接近目标的一次是在 1982 年的情人节之夜。当时，物理学家布拉斯·卡布雷拉利用加州斯坦福大学一个地下室里由他自己安装的一部磁单极子探测器，观察到了一个有希望的事件。后来证实，那不过是一场雁过未留痕的露水情缘，促使一些人在整整一年后送给卡布雷拉一条爱心留言："玫瑰是红色的 / 紫罗兰是蓝色的 / 现在是时候 / 与磁单极子再次相约了。"

如今，卡布雷拉的磁单极子和其他一些更加可疑的观测结果被认为是实验误差。但是狄拉克的计算为磁单极子的缺失提供了现成的借口。计算结果表明，电荷的单位越小，磁荷的单位就必须越大。因为基本电荷是如此之小，而基本磁荷是如此之大，所以一个粒子必须拥有难以置信的能量才能携带它。

根据标准模型，唯一有足够的能量使磁单极子得以大量存在的时间是在大爆炸之后极其短暂的一刹那。人们认为，宇宙迅猛膨胀的时期，也就是所谓"暴涨"，差不多也在那一刹那开始了，而这将会把磁单极子分散到四面八方。加州理工学院的理论物理学家约瑟夫·波钦斯基说，搞不好在整个可见宇宙中只有一个磁单极子。

不过也有人希望它们能更常见一些。在大型强子对撞机上，阿尔伯塔大学的吉姆·平菲尔德正在通过一项名为"大型强子对撞机上的单极子和系外探测器"的实验寻找它们。它的主要组成部分是一系列金属盒，附着在平台周围的墙壁上。每个盒子都接出一卷拖到地板上的金属丝，黄色胶带整洁地勾勒出它们的位置。

在每个金属盒子里都有一个探测器，探测器由一沓堆叠起来的塑料层构成，这些塑料层起到照相底板的作用。因为单极子必然携带巨大的磁荷，所以它会撕开塑料的聚合物键，蚀刻出一条轨迹，其大小、形状和排列方式将揭示粒子的特性。

尽管大型强子对撞机产生的迷你火球是迄今为止粒子加速器的产品当中能量最高的，但是如果你认可标准模型的预测，那么它们的能量还是远远不足以制造单极子。不过平菲尔德的实验并非徒劳。许多标准模型的改进版本都预测了一个更轻的单极子。

磁单极子应该是稳定的，因此平菲尔德的实验装置中还包括捕获探测器。任何经过的磁单极子都可能被装入瓶中，留作进一步的测试——这是粒子"动物园"中真正的异类。

我们在哪里可以找到磁单极子？

对磁单极子的搜寻意义深远。以下是我们寻找过却无果的地方：

被困在……

- 阿波罗 11 号任务采集的月球岩石
- 南极陨石
- 火山岩

途经……

- 寻找高能中微子和宇宙射线的实验
- 专用磁单极子探测器
- 宇宙微波背景辐射

制造于……

- 粒子对撞机
- 磁性材料

9

引力点滴

在我们目前对自然界基本力的最佳模型中，引力是一个明显的遗漏。我们已经发现一些很有前途的探索途径，但是我们到底有多么接近万有理论了呢？

仍然没有万有理论

粒子物理学的标准模型从量子场论的角度描述了自然界的大多数基本力：飞掠的虚玻色子携带这些力。然而它并没有囊括引力。我们用的是爱因斯坦的广义相对论，以完全不同的术语将引力描述成弯曲时空的结果。

要想完全理解黑洞和宇宙的起源，我们似乎必须建立起一套针对引力的量子理论。在上述两个情境中，引力太强大了，以至于广义相对论也崩溃了，得出的每一个答案都是无限。这样的理论应该能让我们对空间和时间的本质有更加深刻的认识。

然而，当你坐下来尝试用量子场论描述引力时，你很快就会遇到一个大问题。对任何量子粒子过程的计算都是极其复杂的，因为你必须把产生虚拟粒子的无数种方式全都加起来。有时候，所有这些过程的总和是有限的，但也有一些时候它会失去控制，给你一个无穷大的结果。例如，β 衰变的量子理论给出的结果就是无穷大——直到物理学家们发展出电弱理论。通过加入大量未被发现的大质量粒子，比如 W、Z 和希格斯玻色子，人们消除了无穷大，数学上的困境得以解决。

这一成功让物理学家们相信，这种策略就像是发展量子理论的通用处方：如果模型产生了无穷大，你就可以添加质量更大的新粒子来解决问题。假设引力是由被称为引力子的量子粒子构成的，就像光是由光子构成的一样。当我们对所有可能的历史进行加和时，计算结果如预期那样迅速地螺旋上升，陷入了一堆乱七八糟的无穷大（见图 9.1）。

这一次，要想消除无穷大，人们需要发明一个质量相当于质子 1000 亿亿倍的新粒子。与所有的虚粒子一样，它们必须通过再次消失来偿还能量——借

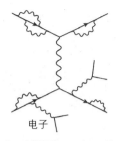

电子

引力子

电子这样的粒子通过以无数
种方式产生并交换无质量的
光子进行相互作用，这往往
导致计算中出现无穷大。

这种情况被更重粒子——
W、Z和希格斯玻色子——
的存在搞定了，它们消掉了
无穷大。

将同样的技巧应用于引
力子需要的粒子太重了，
以至于出现了黑洞的行
为——让所有的计算再次
失去了意义。

图 9.1 引力子是假想的引力量子粒子——但是与之配套的理论很难驾驭

得越多，就必须还得越快，于是这些粒子的寿命非常短。它们走不了多远，因
此只占据极其微小的空间。那么小的空间里有那么大的质量就会形成一个黑
洞——包含一个密度无穷大的奇点。

在尝试绕过这一基本障碍的过程中，我们提出了一些候选理论，比如假
设所有粒子都是更基本的振动弦的表现形式的弦论，以及主张时空本身被分割
成离散块的圈量子引力论。

弦之声

在传统的量子场论中，宇宙是由没有大小、形状以及结构的基本粒子构成
的。在超弦理论中，物质的组成部分变成了一维的弦，它们存在于一个十维的
宇宙中。与其他四个维度不同，那几个额外的维度都卷曲成一个小得看不见的
圆圈。事实上，它们直径约 10^{-35} 米，即便用上当今最强大的粒子加速器，它
们也会因为太小而无法被探测到。

就像小提琴弦一样，超弦可以在不同的模式下振动。我们把每一种振动模式看作是一种不同的基本粒子。弦理论是将强力与弱力以及电磁力统一起来的一种方法，但它远不止于此。弦理论是引力的量子理论，因为弦的振动可以描述引力子——承载引力的假想粒子。更妙的是，弦之间的相互作用在某种意义上比点状粒子之间的相互作用更平滑，因此弦理论消除了先前将量子场论应用于广义相对论时遇到的无限大和反常现象。

得益于艾德·威顿在 20 世纪 90 年代的研究，弦理论现在已经被纳入 M 理论。这是一个无所不包的数学框架，存在于十一维时空当中。它涉及被称为 p 膜的高维扩展对象，其中弦只是一个特例。

那些额外维度弯曲的确切方式决定了我们这个四维世界的外观：包括有多少代的夸克和轻子，存在哪些力，以及基本粒子的质量。M 理论的一个令人费解的特点是，那些维度有很多卷曲方式，从而产生大量可能的宇宙。所以可能存在着很多宇宙，各自有不同的物理定律，其中一个恰好就是我们所生活的宇宙。

当然，M 理论仍然没有得到证实，但是它已经取得了一些成功。例如在 1974 年，斯蒂芬·霍金证明，由于量子效应，黑洞可以辐射能量，这意味着它们有温度和另一种叫作熵的热力学性质——熵是一种衡量系统无序程度的指标。霍金证明了黑洞的熵取决于它的面积。通过考虑构成黑洞的粒子的所有量子态，我们应该有可能计算出它的熵，然而所有以这种方式描述黑洞的尝试都以失败告终——直到 M 理论出现，准确地再现了霍金的熵公式。

> **对于超弦理论来说，大型强子对撞机的结果中缺少超级伙伴是坏消息吗？**
>
> "超弦"中的"超"指的确实是超对称性，这是该理论的一个重要组成部分。到目前为止，大型强子对撞机还没有发现过任何超级伙伴。这个事实常被当作质疑超对称性的理由，然而事实上，只有超对称理论是级列问题解决方案（见第 8 章）的时候，这样的轻超级伙伴才是必需的。如果超对称性的证据只会在能量更高的条件下出现，弦 / M 理论仍是与之兼容的。

当圈变成弦

我们最有希望的两个量子引力理论已经竞争了几十年。如果它们其实是一回事呢？

弦理论也许很成功，但它也有自己的烦恼。它的额外维度折叠的方式太多了，以至于一些批评者说它几乎没有预测能力，因此不能算是一门科学。与它竞争的圈量子引力认为，时空本身必须量子化，或者说由有限的块组成。人们通过计算得知，这些大块原来是虚无的小圈，它们自己演化成一种类似气泡的几何形状，被称为自旋泡沫。自旋泡沫本质上就是时空，只不过是用量子力学的语言来描述的。

除了调和量子理论和广义相对论，圈状时空并无更多企图——这是一种缓慢而稳定的方法，一些人认为更有可能带来可靠的进展。尽管圈仍然像弦一样是理论性的，一些圈理论物理学家，比如法国马赛理论物理中心的卡洛·罗韦利，已经提出了一些可验证的预测（参见下面的"如何验证圈量子引力"）。

尽管如此，还是有一个问题。自旋泡沫太过坚硬，很难贴合爱因斯坦宇宙的精神，也就是说，根据不同的观察者，空间和时间可以被挤压和拉伸。

几十年来，这两个阵营之间几乎没有交流，但是由于双方都没有成功地击溃对方，随着理论物理学家们开始在这两个阵营之间流动，情况正在发生变化。2011年，波兰华沙大学的诺伯特·博登多弗及其同事在圈量子引力理论描述的时空中重写了弦理论及其超对称粒子，于是两个理论之间出现了关联。3年后，另一个关联出现了。圈理论支持者、乌拉圭蒙得维的亚市共和国大学的罗道夫·甘比尼和美国巴吞鲁日市路易斯安那州立大学的乔治·普林认为，要想让相对论和圈量子引力完全兼容，我们必须使用来自弦理论的一种几何结构去限制可能粒子的范围。

全息原理

早在20世纪90年代初，就有过两者之间存在更紧密联系的线索。当时，乌特勒支大学的格哈德·胡弗特和斯坦福大学的莱昂纳德·萨斯坎德提出了全息原理：我们生活的三维世界可能只是发生在宇宙边缘的扁平二维过程的投影。他们在三维引力理论和二维量子场论之间建立了数学上的对应关系。在这个激进的想法中，我们所知道的宇宙就像信用卡背面的平面全息图所创造的三维图像。从那时起，全息原理已经发展成为弦理论的一个主要研究领域。理论物理学家们发现，从边界的角度来看，困难的物理学开始变得更加容易理解。

现在看来，这个边界提供了一个让弦理论与圈量子引力密不可分的地方。2015年11月，圈理论支持者、法国巴黎大学的瓦伦丁·邦宗和加拿大普里美特理论物理研究所的比安卡·迪特里希识别出某一项其他人曾经在弦论的背景下实施的全息引力计算，发现用圈量子引力也可以推导出同样的结果。一个月后，博登多弗有了另一个突破。通常，当全息弦理论被用于计算引力时，它会困在像黑洞这样的奇点上。但是博登多弗证明他的数学方法可以弥补这些情况。

更多的基础研究也正在参与进来。2016 年 11 月，加拿大滑铁卢市普里美特理论物理研究所的理论物理学家劳伦特·弗赖德尔与另外两名合作者一起回归基础，用广义相对论来描述一个非常简单的场景：一个被边界包围的小空间区域。结果表明，定义其边界的变量在数学上与弦理论和圈量子引力有相似之处，尽管这两种理论都不是计算的起点。

与此同时，美国博卡拉顿佛罗里达大西洋大学的圈理论支持者韩慕辛与中国上海复旦大学的弦理论支持者孔令欣合作，试图计算一个自旋泡沫在圈量子引力中演化成另一个的概率。就像洗澡时翻腾的肥皂泡一样，自旋泡沫也在自发地演化——这种自发性有助于解释时间的起源。韩慕辛和孔令欣将他们的计算映射到一个边界上：再一次，与弦论有着奇怪相似性的数学特征出现了。

如果这些研究朝着正确的方向发展，那么有可能至少在一个边界上，弦理论和圈量子引力根本不是竞争对手，而是完全等效的。然而这个界限是什么？在哪里？全息理论始于对宇宙尽头一道边界的想象，不过今天的弦理论和圈理论支持者们并没有严格遵守这一要求，认为边界存在于空间的任何位置。在时空中随机选取一个片段，他们的圈 - 弦物理学便可能会出现在最细微的尺度上。

"这听上去似乎有些武断。但是你仔细想想看，"罗韦利说，"我们一直在强行树立边界，作为观察世界的入口。为了记录光，我们用摄影胶片或者电子探测器或者视网膜捕捉光子。这张扁平的图片可能是多个物体同时出现的结果，就像一只蝴蝶的影子，可能是由一只真正的蝴蝶产生的，也可能是你勾连起两手拇指然后挥动其他手指产生的。"弦理论和圈量子引力在我们眼里也许不是一回事，但是在某种意义上，它们可能投下了相同的影子。

对于圈和弦之间的调和可能会带来什么结果，较年轻的物理学家们怀有一种发自肺腑的兴奋。即使本身不以量子引力理论为结果，至少它有可能为我们指明方向。

如何验证圈量子引力

最近，圈量子引力理论发展得顺风顺水，支持它的理论物理学家们至少做出了两个可以验证的预测。

- **反弹的黑洞**——卡洛·罗韦利是这个想法的先驱。如果空间本身是由离散的圈构成的，那么到了一定程度它就不能再被挤压了。这使他认为黑洞可能抵达了无法变得更加致密的那个程度，然后它们会反弹并产生可观测到的辐射。

- **来自大爆炸的信号**——大爆炸是另一个空间非常紧凑的时期，可能存在的最小时空颗粒是很重要的。我们也许能在大爆炸的余晖，也就是宇宙微波背景辐射中看到它们的效应。等到发展出比现在更精确的测量手段，我们也许能够探测到它们的特征。

10

大型强子对撞机的继任者们

在更深入地研究粒子物理学的征程中，地球上最大的机器还能获得什么改进吗？

未来对撞机：直来直去？

什么可以取代大型强子对撞机？两个最有可能的继任者是国际直线对撞机和紧凑直线对撞机。两者都要用电子和正电子实施对撞。国际直线对撞机的建议是 35 千米长的直线加速器，碰撞能量为 1 万亿电子伏特，而紧凑直线对撞机将使用一种只接收过较少测试的技术，使能量达到 3 万亿电子伏特。为了产生加速粒子的高频电场，国际直线对撞机将使用铌制成的超导谐振腔，而紧凑直线对撞机计划使用平行电子束产生射频场。

即使是 3 万亿电子伏特的碰撞能量也比大型强子对撞机低。然而蛮力并不是一切。大型强子对撞机对撞质子，每个质子由 3 个夸克组成，这 3 个夸克飘浮在一团携带力的胶子和短寿命夸克对当中。这意味着被大肆宣扬的能量其实要由不同的部分瓜分。质子的复杂性意味着它们并不是称手的工具：当两个质子相撞时，结果是一团令人困惑的碎片。

撞向正电子的电子是单点状的粒子，这使它们成为更加好用的工具。它们携带着机器宣称的全部能量，而在质子对撞机中，制造新粒子的能量只是由两个夸克或者胶子携带的一小部分。另外，在大型强子对撞机中，对撞的夸克和胶子的状态是一个谜，而每个电子和正电子的确切能量和其他性质都可以提前知道。这使得我们有可能计算出希格斯粒子和其他任何可能被抛出的奇异粒子的精确属性。

之前的电子－正电子碰撞记录是在大型正负电子对撞机上创造的。那座加速器曾经占据着一条 27 千米长的隧道，而现在那条隧道容纳的正是大型强子对撞机。电子和正电子在大型正负电子对撞机中转圈，逐渐被提升到 1000 亿电子伏特的能量。要想达到更高的能量，环并不实用，因为转圈的电子会通过一种所谓的同步辐射过程迅速损失能量。电子飞得越快，它们的能量流失得就越快。这就是为什么物理学家们现在把目光投向了线性加速器。制造平直的路径，便不会有同步辐射造成的损失，于是人们打算让两个独立的加速器针尖对麦芒。

窄束

聚焦粒子束本身也会产生问题。在环中，你可以让反向旋转的电子束和正电子束以你想要的频率交汇，所以粒子有很多机会互相碰撞。在线性对撞机中，它们只有一次机会。解决方案是将粒子束聚焦到只有几纳米宽。这样一来，每个电子都会遇到密度很大的一团正电子（反之亦然），因此会发生大量的碰撞。这是个难以实现的目标，但是在斯坦福直线加速器中心和日本筑波的高能加速器研究机构实验室，必需的技术已经开发出来了。

大型强子对撞机的价格可能是 200 亿美元，资金也不太可能很快到位——特别是考虑到大型强子对撞机似乎只找到了一个相对简单的希格斯玻色子。物理学家曾经希望从大型强子对撞机中获得更多的新粒子，然后将这丰富的成果交给线性对撞机进行细致的筛选、检验。

也许有更好的选择。与电子差不多的 μ 子质量高达电子的 200 倍。这意味着它们发射的同步辐射要少得多，所以它们在环中可以比电子更容易加速到高能量。

在 μ 子加速器成为现实之前，还有一些技术障碍需要克服。M 子是在 Π 介子的衰变中产生的，产生后呈炽热、随机移动的气态，需要先冷却，然后才能聚焦成高密度的粒子束。不过类似的技术已经被用于冷却反质子，欧洲核子研究中心和费米实验室正在努力克服这些困难。

在紧凑直线对撞机和国际直线对撞机争夺资金和支持之际，中国提出了自己的替代方案。2014 年，中国科学院高能物理研究所的科学家们宣布，计划建造一个相当于大型强子对撞机两倍大的粒子对撞机，其地下的环状结构直径将超过 50 千米，用来对撞电子和正电子，而且同一隧道中还要建造一个质子 - 质子对撞机。他们的目标是在 21 世纪 30 年代之前建成这一设施。

下一代探测器简表

国际直线对撞机

- **现状**：本实验设计蓝图于 2013 年 6 月发表。
- **简介**：一条 35 千米长的直线加速器，用来撞击电子和正电子。
- **成本**：80 亿美元。
- **优点**：更加干净利索的碰撞；技术可靠，易于理解。
- **缺点**：在某些情况下，最大能量可能不足以探测出所有人们感兴趣的物理新疆域。
- **地点**：仍有待决定，不过日本北上山地区最有希望。

紧凑直线对撞机

紧凑直线对撞机将是一个正电子和电子线性加速器，就像国际直线对撞机一样——而且它目前还没有得到批准——不过它的长度会短一些，而且碰撞的能量更高。一个高强度、低能量的驱动光束与碰撞粒子束平行运行。驱动光束积攒的能量会以快速爆发的形式被传送到主粒子数上。

- **现状**：概念设计报告于 2012 年 10 月发表。
- **费用**：没有正式估计。

- 优点：更加干净利索的碰撞；能量高，结构紧凑（国际直线对撞机需要 140 千米长才能达到同样的能量，因此要昂贵得多）。
- 缺点：新技术的研发仍在进行中。
- 地点：未知。

遥远的未来

其他的提议包括非常大型强子对撞机，它将有 40 万亿到 200 万亿电子伏特的碰撞能量，而且必须从头开始建造。人们还在考虑 μ 子对撞机和 LHeC（用电子束和质子束相撞）。2014 年，中国科学家宣布了一个两倍于大型强子对撞机大小的粒子对撞机，该对撞机有一条 52 千米长的地下环，用来对撞电子和正电子。他们的目标是在 2028 年建成这个设施。

小型继任者

在未来几十年里，建造一台比大型强子对撞机更庞大、更强大的机器可能是不切实际的。更重要的是，达到足够高的能量，使我们能够直接探测统一的自然力，可谓希望渺茫（见图 10.1）。那么粒子实验物理学家们现在能做些什么呢？一个选择是追求精度，而不是力量。这就是一系列实验得以开展所基于的道理。这些实验以人们熟悉的粒子为研究对象，寻找异常行为的细微迹象——也就是那些可能暴露出有新现象在施展影响的古怪之处。

电动挤压

标准模型预测电子和中子应该呈完美的球形。但是也许会有未知的奇特粒子对这些普通粒子产生一些微妙的影响，把它们压扁或者拉长。我们知道，普

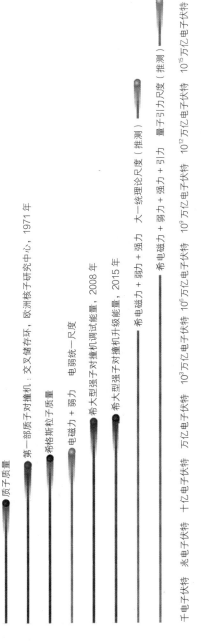

● 粒子　● 加速器　● 力统一尺度

电子质量

第一部粒子加速器：伯克利 23 厘米回旋加速器，1931 年

质子质量

第一部质子对撞机：交叉储存环，欧洲核子研究中心，1971 年

希格斯粒子质量

电磁力＋弱力　电弱统一尺度

希大型强子对撞机调试能量，2008 年

希大型强子对撞机升级能量，2015 年

希电磁力＋弱力＋强力

希电磁力＋弱力＋强力　大一统理论尺度（推测）

希电磁力＋弱力＋强力＋引力　量子引力尺度（推测）

千电子伏特　兆电子伏特　十亿电子伏特　万亿电子伏特　10^3 万亿电子伏特　10^6 万亿电子伏特　10^9 万亿电子伏特　10^{12} 万亿电子伏特　10^{15} 万亿电子伏特

图 10.1　粒子加速器已经征服了很多新的边疆，但是能量还远远不足以令自然力统一

通粒子的性质受到附近存在的虚粒子的影响。如果其中一些虚粒子足够重，它们可能会给电子和中子造成一个电偶极矩：粒子内部正电荷和负电荷之间的轻微分离。这使它成为一个有吸引力的目标，特别是对那些预算不怎么充裕的物理学家来说，因为寻找电偶极矩的实验往往规模较小、成本较低。

关键是要非常非常仔细地观察这些粒子的自旋。就像旋转的陀螺在受到引力造成的扭矩时，会随着转速的减慢而轻微摆动一样，一个粒子在电场中也会摆动——前提是它有电偶极矩。问题在于这样的摆动将极其细微，因此很难被发现。

哈佛大学的先进冷分子电子电偶极矩实验利用过冷的氧化钍分子放大粒子的变形，做出了对电子形状迄今为止最精确的测量。实验于 2013 年得出，这些粒子所拥有的任何电偶极矩都必须小于 10^{-30} 电子电荷米——这是正电荷和负电荷之间距离的量度。换句话说，如果电子和地球一样大，那么它与完美球体之间的偏差一定相当于从顶部削去一条不到 10 纳米宽的长条，然后把它拍在底部。

与此同时，田纳西州橡树岭国家实验室的 nEDM（n 代表中子）实验正在研究中子。先前的实验表明，中子距离完美球形有万亿分之一的偏差。通过将实验嵌入超流氦中，nEDM 正试图将精确度再提高 100 倍。超流氦将使研究小组增加作用在中子上的电场强度，并使中子减速，从而大幅提升他们观察到变形的机会。

还有人建议探测一下质子的电偶极矩，以图寻找一种假想的暗物质粒子——轴子（见第 7 章）。

这些实验很容易受到大型强子对撞机可能无法直接观测到的粒子的影响。在其最大设计能量下，大型强子对撞机能找到的最重粒子大约是 4 万亿或者 5 万亿电子伏特。作为对照，如果那些粒子真的存在，先进冷分子电子电偶极矩实验可能已经在 7 万亿或者 8 万亿电子伏特的能量级别上探测到了它们。团队已经提出了一些改进方案，可以将这一上限提高到 40 万亿电子伏特，进一步的调整可能会使这一上限升至 100 万亿电子伏特。

磁性异常行为

电子不太为人所知的表亲——μ 子，15 年来一直表现不佳。用不了多久，我们可能最终会发现是什么造成了它的桀骜不驯。

这两个粒子本质上都是旋转的电荷球，所以它们会产生磁矩——在我们看来就是一个北极和一个南极。1928 年，保罗·狄拉克计算出，一个与磁矩有关的量——名为 g 因子——对于电子和 μ 子来说，应该正好是 2。但是当我们在 20 世纪 40 年代测量电子的磁矩时，我们发现它稍微大了一点：差不多是 2.002。

我们后来发现这是因为虚粒子造成了电子的磁矩不平衡。这一效应对 μ 子的影响甚至更明显，因为它的质量是其表亲的 207 倍。这使得它特别适合用于寻找新的重粒子，比如那些由超对称性预测的重粒子，因为它们应该也会献上自己的些许"绵薄之力"。

大多数观测到的磁矩差异来自已知标准模型虚粒子的影响，比如电子、正电子和夸克。但是在 2001 年，纽约厄普顿的布鲁克海文国家实验室的 E821 实验表明，μ 子的磁矩差异偏大，大约比标准模型给出的预测值高 40 亿分之一。这意味着可能有一些未被发现的重粒子影响着 μ 子的磁性。这一异常在统计学上并不显著，不足以被视为一项发现，而没等研究小组得到确认结果所需的数据，实验就被叫停了。不过一项名为 μ 子 g-2 的新实验给了我们另一个查明真相的机会。

2013年，E821实验使用的探测器——一个直径15米的巨大超导磁体环——被一艘驳船从纽约运到了芝加哥。如果一切顺利，该团队希望在2018年能够公布第一个证实布鲁克海文发现的结果。

不朽的粒子

质子是原子核的基石，根据标准模型，它应该是绝对稳定的：永远不会解体。但是大一统理论认为质子终将分裂。

超级神冈探测器是日本山区一个装着5万吨水的水缸（见第6章）。它最为人所知的是中微子实验，不过自1996年以来，超级神冈探测器也在关注质子分裂的迹象。这一事件可以通过反向射出的两束光得以揭示。

质子分裂有几种不同的方式，但最受欢迎的一种是衰变为正电子和 Ⅱ 介子。2016年，超级神冈测出的在这一过程中质子寿命最精确限制被发表出来：下限 1.6×10^{34} 年。这个结果淘汰了某些类型的大一统理论。

人们提议的超级神冈的继任者是超拔神冈，它可以容纳100万吨的水。也许它最终会看到某个质子的死亡。

⑪

务实的粒子

　　粒子物理学不仅仅是对抽象真理的探索。它已经被用于寻找并杀死癌症、保护飞机机翼以及开发更好的超导体。有一天，中子科学甚至可能被用于阻止番茄酱从瓶子里一涌而出。

粒子物理学为我们做了些什么?

有人曾经说过，物理学可能会带来一些实用性的结果，但那并不是我们投身其中的原因。粒子物理学尤其如此，它的目标是通过在最高的能量和可想象的最小尺度下探测物质和力，从而更加透彻地洞察宇宙的本质。然而，就连古代的炼金术士也知道,将铅变成金的学问会是非常有用的(也就是有利可图)，同样道理，粒子物理学家若是完全忽视他们的工具和发现对我们日常生活的影响，那也是愚蠢的。

就拿粒子加速器来说吧。最初，人们开发它们是因为希望能够在受控的实验室条件下重建宇宙射线——那样就能把理论物理学家和实验物理学家们带回地球。然而也许并不令人惊讶的是，制造和控制高能带电物质束的能力在其他一些领域也大有用武之地。例如，来自低能量加速器的电子束可以用来把黏性塑料变成更有用的东西。通过把一些氢原子轰出去，电子可以改变塑料高分子链的化学性质。这使得高分子链在一种叫作交联的过程中相互连接。你最终得到的材料是一种强度大得多的塑料，可以用来制造收缩膜和电气绝缘体。

我们还使用粒子加速器来产生 X 射线，用于机场安检扫描仪、食物保鲜，以及医疗设备消毒。在微芯片工业中，加速器被用来在硅中植入离子来制造更加精密复杂的元件。加速器也可能被用于炼金术——不是把铅变成金（这在技术上是可行的，但在经济上非常不划算），而是去灭活核废料。利用中子驱动的元素嬗变器，你可以用中子轰击不需要的放射性原子，它们就会变成更安全的同位素。这一手段已经被证明原则上是可行的，不过还需要改进，才能够以核工业所需的规模得到应用。

良药

在加速器应用推广的前沿，也许最令人兴奋的进展之一是医学物理学：用强子疗法治疗癌症。在很长一段时间里，人们一直使用 X 射线来杀死肿瘤细胞，但问题是它们同时也杀死了沿途照射到的所有其他组织。如果代之以高能质子或者碳离子，你就可以瞄准更明确的区域。考虑到质子和碳离子在穿过活体组织时失去能量的方式，你可以把它们安排到特定的深度去大显神威。在一些难以抵达或者敏感的部位，比如大脑和眼睛，强子疗法因此成为治疗肿瘤的有力工具。减少辐射剂量的需求也使它更适于儿童和其他脆弱的病人。这是诞生于粒子物理学的一项美丽而有效的技术。现在的挑战是把必要的加速器做得足够小、足够便宜，以便安装到每一家有需要的医院，就像核磁共振扫描仪和其他改变世界的设备一样。

粒子物理学的一项更奇特的发现——反物质——在医学领域也经常得到应用，那便是利用反物质的力量为身体内部情况造影的正电子发射断层扫描（PET）。要进行 PET 扫描，你需要服用一种物质，比如含放射性氟-18（顺便说一下，这种同位素也是在粒子加速器中产生的）的氟脱氧葡萄糖。它释放出一个正电子，与附近的电子发生湮灭，产生两束 γ 射线。你可以追踪这些 γ 射线在哪里出现，以确定相互作用发生的位置，这样就实现了对大脑和其他使用葡萄糖的身体部位的扫描。

粒子探测器则是另一则故事了。自 20 世纪初以来，人们窥探亚原子世界的能力一直有赖于捕捉粒子穿过某种敏感介质时留下的蛛丝马迹。查尔斯·汤姆森·里斯·威尔森的云室使用了过饱和的水蒸气，而塞西尔·鲍威尔在 20 世纪 40 年代开展的气球实验使用了一种特殊的光化学乳剂。但是设置这些介质，然后拍摄和冲洗粒子轨迹照片，是非常令人厌烦的工作。年纪大一些的读者可能还记得，要先把胶卷从相机里拿出来，拿到药剂师那里去冲洗，然后才能拿着假期拍的照片去烦朋友和邻居们。为了发现正电子——电子的反粒子，卡尔·安德森不得不冲洗并分类了 1300 多张云室照片。不过公平地说，他确实也因为这番辛劳获得了诺贝尔奖。

就像我们差不多都转向了数码摄影一样，随着硅探测器的使用，粒子物理学的世界也发生了同样的变化。当一个电离粒子通过经过适当准备的硅片时，正电荷和负电荷被撞向四方，这样它们就可以直接输入探测器的电子器件中。由此产生的信号几乎立刻就可以得到处理、存储和分析，而不需要任何人工处理或者显影——2012 年，处理大型强子对撞机发现希格斯玻色子所需的每秒数十亿次碰撞时，这样的技术可谓至关重要。

超级计算机

硅探测器带来的数据量爆炸意味着粒子物理学家必须发明新的计算方法。网格计算令世界各地几十万台计算机可以同时处理来自大型强子对撞机的数据流。20 世纪 70 年代，本特·斯顿普用保龄球为欧洲核子研究中心的控制室设计了第一个跟踪球，并设计了最早的电脑触摸屏之一。这与蒂姆·伯纳斯－李发明的万维网完全不同。

正如你所预料的那样，这场数字革命给粒子探测器带来了以前无法想象的应用。衍生技术之一是 Medipix 混合硅像素探测器。与大型强子对撞机那些大教堂大小的实验装置相比，这种探测器是非常娇小的：一块拇指大小的硅片上有 256 像素 ×256 像素的网格。但是，凭借一些巧妙的微芯片工程，它可以被用来实时检测、计数和测量单光子的能量。

这对医学成像有着很大的影响。例如，通过观测穿过成像对象的不同能量的光子，你可以生成彩色 X 射线图像，为临床医生提供全新水平的诊疗信息。这种技术不仅可以应用于光子，任何电离辐射都可以立即被探测到并显示出来，比如放射性物质产生的 α 和 β 辐射，或者是强子疗法中使用的质子和碳离子。

粒子探测器也在进入太空。星际旅行的主要挑战之一是，一旦离开了对我们宠溺有加的地球磁场的保护，我们就会暴露在危险的辐射中。如果能够测量并理解辐射，我们就应该能够设计出解决方案，在下一代探险者前往火星或者比邻星或者别管哪里的下一个边疆时保护他们。现在，在国际空间站上，有 5 个 Medipix 设备正插在美国航空航天局的笔记本电脑上，测量宇航员的辐射环境。这些探测器也被用于美国的猎户座计划。该计划旨在用宇宙飞船将宇航员送入深空。因此，当我们在宇宙中寻找新的安身之所，为粒子物理学开发的技术可能会对我们这个物种的未来产生影响。

那么接下来呢？我们会不会制造出来希格斯玻色子驱动的翘曲驱动器、磁单极子单轨系统和微型黑洞废物处理装置？谁知道呢？我们做科学研究并不是为了给这些粒子找到应用，然而正如我们所看到的，只要你让足够多的人在一个地方工作——无论是欧洲核子研究中心、费米实验室还是其他什么地方——他们总会想出来一些伟大的东西。

大显身手的中子

詹姆斯·查德威克在 20 世纪 30 年代发现了中子，之后科学家们发现了中子在一种化学元素向另一种转化的过程中发挥的作用，并了解了核反应和放射性衰变是如何产生大量中子的。这引出了核链式反应的发现，并把物理学带入了前所未有的核能和核武器领域。

不过中子的故事还有另外一面。中子已经成为揭示物质结构的有力研究工具。如今，中子科学已经触及了一切：从下一代计算机到病毒结构。

和所有的量子粒子一样，中子也可以有波一样的行为。因此，遇到与其波长相当的障碍物时，它们会沿着明确的角度散射，就像水波在岩石周围绕射一样。通过分析散射模式，我们可以推算出中子穿过的物质的结构。

随着核反应堆在 20 世纪 40 年代的出现，中子的大量生产成为可能。人们得以对材料结构开展深入的研究。这一领域在 20 世纪 60 年代真正开始腾飞，当时人们为这类实验优化了研究用反应堆。

密集中子源

现在有 20 多个运作中的中子科学设施，可以归为两种形式。法国格勒诺布尔劳厄－朗之万研究所的高通量反应堆等研究用反应堆，利用核裂变来产生稳定、可靠的中子源。劳厄－朗之万研究所里运行着世界上最强大的中子源，为 40 部不同的仪器提供着中子束。与此同时，英国迪德科特卢瑟福阿普尔顿实验室的 ISIS 中子源，是通过将加速的质子射入重金属目标来促使其发射中子。

像劳厄－朗之万研究所这样的设施可以在很大的能量范围内产生中子，而这对应着很大的波长范围。以每秒几千米的速度运行的热中子波长较短，可以用来研究直径小于 1 纳米的原子结构。冷中子的速度是热中子的 1/10，对应的波长很长，可以用来研究微观尺度上的分子结构。

我们现在可以用中子来窥视各种各样的材料内部。因为自身不带电荷，它们不会因为离子的电荷偏转方向，可以深入物质内部。自旋给了它们一个小磁场，使它们能够与电子自旋相互作用，所以中子对于理解磁性材料的结构和动力学很有帮助。不过它们主要还是通过强力与原子核相互作用。这使得中子特别擅长于识别轻原子的位置，比如氢、氧和碳，因为它们的原子核质量之间有明显的差异。

许多日常用品，包括工具、衣服、食品和保健品，都是由含有这些轻元素的长链碳氢化合物构成的，而中子也是解析这些复杂结构的最佳选择。2012年，劳厄－朗之万研究所和英国布里斯托尔大学的一个研究小组利用中子研究他们能否通过在碳氢化合物链中纳入铁而使肥皂具有磁性。那样的肥皂可以利用磁场进行操控，从而改善水处理和环境净化技术。

随波逐流

其他某些常见的液体，比如面霜、洗发水和酱汁，由于其长链状分子的行为，会以不同寻常的方式流动。一种被称为剪切稀化的现象造成这些液体在被搅拌或者摇动时会变得更加稀滑。对于那些曾经试图从玻璃瓶中倒出番茄酱，结果倒了一盘子的人来说，这是一个熟悉的过程。2005年，为了搞清楚为什么会发生这种情况，科学家们一边向各种液体施力，一边向它们发射中子束。中子揭示了分子的方向，而一个叫作流变仪的装置测量了液体的流动。研究结果在黏度和链方向之间建立了明确的关联，这一发现可以帮助行业预测和调整产品离开你手中的瓶子或者水池的方式。

蛋白质、病毒和细胞膜自然富含轻元素，生物学家和中子科学家一起破译这些生物结构及其发挥功能的方式。一种技术是氘化——用氘取代样品中的部分或者全部氢原子。氘是氢的一种重同位素，除了它的单个质子外，还有一个中子。中子散射对轻元素非常敏感，可以分辨出这两种同位素。接下来将样品与未氘化的样品进行对比，以确定氢原子在生化反应中的位置。

另一个受益的领域是将外来 DNA 引入宿主细胞，用于基因治疗和作物基因改造。利用中子散射，人们已经测试了许多可能的试剂，包括将 DNA 注入细胞的病毒。

中子也令人们得以深入了解细胞壁内胆固醇的运输。胆固醇包围着每一个细胞，参与信号在身体中的传递，并协助激素的产生。在细胞间和细胞内重新分配胆固醇，维持正常的胆固醇水平是至关重要的，因为阿尔茨海默病和心血管疾病都与胆固醇的异常有关。近年来，中子已经阐明了这些过程，揭示了细胞如何实现正确的平衡，以及什么因素会导致系统崩溃。

新药

除了辅助诊断，人们还利用中子制造新药。放射性药物是治疗某些肿瘤的最佳方法之一。他们将一种放射性同位素注入癌细胞，利用这一剂量的辐射杀死癌细胞。然而如今人们使用的放射性药物都是最容易获得的，而不是性能最好的，它们会对周围的健康组织造成不必要的损害。研究用反应堆现在被用来生产新的放射性同位素，如镥 -177 和铽 -161。2015 年，来自劳厄 - 朗之万研究所、德国慕尼黑工业大学和瑞士维里根保罗·谢勒研究所的一个团队演示了用中子辐照钆样品来大量生产铽同位素的新技术。钆 -160 吸收一个中子，生成一个较重的同位素，然后通过 β 衰变转变成铽 -161。铽 -161 释放的 γ 射线刚好可以用来跟踪放射性同位素在体内的运动，它释放的低能电子可以在不损伤周围组织的情况下摧毁癌细胞。它的半衰期大约为一周，长到来得及送到医院，又短到不至于留下长期的核废料问题。

中子的磁性能被用来研究高温超导体，也就是能够不依赖电压传输电流的材料。研究人员正在研究这些材料中微小的自发电流环和自旋的交替模式。人们认为，电子之所以能够配对并且不受阻碍地移动，是因为这些现象发挥了一定的作用。如果能够揭示现存高温超导体的秘密，我们也许能制造出在室温下无电阻导电的材料。

这些多才多艺的粒子还可以解决那些你真心不希望出毛病的结构问题，比如飞机机翼、铁轨和涡轮叶片。这些材料的性质和性能在很大程度上取决于它们的纳米级结构。这种结构太小了，无法用普通的光学显微镜检测。凭借较短的波长，中子为人们提供了一种新的显微镜，用以了解压力对这些材料的影响，以及它们的性能如何能够得到改善以供日常使用。

寻找磁单极子

最后，还有磁单极子缺失这件事。物理学家们到处寻找磁单极子，从高能粒子碰撞的碎片到来自外太空的岩石（见第 8 章）。但是中子实验已经发现了一种磁单极子。2009 年，两个独立的研究小组通过向一种叫作自旋冰的人造材料发射中子，发现了这一现象的证据。这些材料中粒子的自旋可以令它们自行形成南北磁极，而且这些磁极可以各自独立地飘移，类似于磁单极子。总有一天，这些伪磁单极子可以被用于制造一种比当今任何同类产品都要紧凑的计算机存储器。

中子期货

位于瑞典隆德的欧洲散裂源是世界上最大的中子科学设施。它被设计到一座线性加速器的周围，该加速器加速质子，使它们撞击一个重金属目标，从而释放出猛烈的中子脉冲。这些中子将通过束流线被引导到实验设施。

欧洲散裂源或许会成为中子科学的领头羊，不过其他设施也并不会因为它的存在而变得多余，因为在药物发现、材料科学、可再生能源、基础物理和生物化学等领域有太多的科研工作有待开展。自从中子被人类发现，大概已经过去了80年，但是对于它那种给我们的世界带来彻底变革的潜力，我们仍然只是触及了皮毛。

结语

现在你可能已经明白了，粒子物理学不仅仅是对微小事物编目分类的枯燥操作。它回答了，或者说试图回答，一系列关于我们自身存在的问题，其中很多可以归结为字面意义上的"我们从哪里来"这一问题。一系列由粒子的精确行为所支配的非凡事件和环境，决定了构成我们自己的身体以及周围几乎所有事物的那些熟悉而复杂的物质。

在过去的几年里，我们至少找到了这个领域某些重大谜团的部分答案。晶格量子色动力学的精确计算说明了为什么质子的质量略大于中子。如果不是这样，就不会有化学元素了。2012 年希格斯玻色子的发现证实了夸克和轻子具有质量的原因。没有它，后两者就会以光速运动，不可能结合在一起形成有结构的物质。

但是，还有更多的问题远远超出了我们目前的能力。为什么在早期宇宙中物质粒子战胜反物质，占据了优势地位？如果不是这样，宇宙就会只剩下一片温和的辐射海洋。什么是暗物质？没有它，我们就不会有恒星和星系。是什么决定了真空的能量？太高的话，整个宇宙都会分崩离析。轻量级的希格斯玻色子会造成宇宙不稳定吗？为什么我们的时空有三维空间和一维时间？是什么决定了所有力的强度？什么样的粒子恶作剧导致了剧烈的暴涨？什么引发了宇宙大爆炸？

别管会有什么样的理论取代标准模型，去解释物质的基本组成部分是如何相互作用的——无论是弦、圈还是其他更奇怪的东西——它都有很多工作要做。

50 个想法

除了惯常的阅读列表，这一部分还列出了更多的材料，以帮助你更深入地探索这个主题。

7 处景点及活动

1. **欧洲核子研究中心是世界上最大的物理实验室**，也是著名的大型强子对撞机粒子加速器的所在地。那里提供带导游服务的游览机会：https://visit.cern/tours。可以在这个网站通过虚拟现实游览：http://petermccready.com/。

2. **位于加州的 SLAC 直线加速器据说是世界上最直的物体**，如果大型强子对撞机太弯曲，不符合你的品位，那么 SLAC 会让你惊叹：https://www6.slac.stanford.edu/public-tours。

3. **英国伦敦威斯敏斯特大教堂有一座保罗·狄拉克的纪念碑**，上面刻着以他的名字命名的方程，该方程暗示着反物质的存在。

4. **鹿特丹自然历史博物馆中陈列着 2016 年在大型强子对撞机上触电的某只石貂的遗骸**。那次事故导致了粒子加速器暂时关闭。

5. **粒子物理学发展早期阶段的很多发现是在英国剑桥的卡文迪什实验室做出的**，其中包括最早（有争议）的一项：约瑟夫·汤姆森利用阴极射线管识别出了电子。他们有一座博物馆：http://www.phy.cam.ac.uk/outreach/museum。你还可以在这个地址看到一部介绍那个天命所归的阴极射线管的短片：https://www.newscist.com/article/2098394-the-tube-that-kic-of-particle-physics/。

6. **用阴极射线做实验**。你不必是剑桥的科学家也能做阴极射线实验。找一台旧的阴极射线管电视机和一块强磁铁。把磁铁放在屏幕附近，粒子束的路径就会弯曲，使画面变形。

7. **与中微子（可能还有暗物质）玩耍**。无论你是站着、坐着还是躺在什么地方，都要记住，每秒钟都有数万亿在太阳核心产生的中微子穿过你的身体，也可能有奇特的暗物质粒子在你体内穿行。

11 条引言

1. "中微子穿过这片无垠虚空时真的击中什么的概率，大致相当于从一架巡航的 747 飞机上随意扔下一个滚珠轴承，结果击中一个，比方说，鸡蛋三明治。"——作家道格拉斯·亚当斯（1952—2001）

2. "正是电子不可能全部挤在同一位置这个事实使得桌子和其他东西如此坚固。"——物理学家理查德·费曼（1918—1988）

3. "将粒子分散成一根弦，是朝着让我们熟悉的一切都变得模糊的方向迈出了一步。你进入了一个全新的世界,那里的事物与你所习惯的完全不同。"——M 理论先驱爱德华·威顿（1951— ）

4. "我认为反物质的发现可能是 21 世纪物理学所有重大飞跃当中最重大的飞跃。"——沃纳·海森堡（1901—1976），量子力学的奠基人之一

5. "我犯了一个天大的错误，我预言了一个永远不会被观测到的粒子的存在。"——量子先驱沃尔夫冈·泡利（1900—1958）谈到中微子时说

6. "如果我能记住所有这些粒子的名字，我就去做植物学家了。"——意大利物理学家恩里科·费米（1901—1954），第一座核反应堆的建造者

7. "我想我可能会发现弦理论的普遍原理是最优雅的——如果我知道它们是什么的话。"——莱昂纳德·萨斯坎德（1940— ），弦理论的奠基人之一

8. "电子演奏着庄严的华尔兹，编织着线条优美的探戈，抖动着断断续续的快步，随着疯狂的节奏摇摆。它们是波，脚踏着为各种原子分别谱写的舞步。"——英国天文学家和作家爱德华·哈里森（1919—2007）在他 1985 年出版的《宇宙的面具》一书中写道

9. "我相信宇宙中有 15747724136275002577605653961181555468044717914 5

271167093662314250761856310312961个质子和相同数量的电子。"——英国天文学家亚瑟·爱丁顿（1882—1944）

10. "从理论的角度来看，人们会认为磁单极子应该存在，因为数学上的优美。人们曾多次试图找到它们，但都一无所获。人们应该得出这样的结论：漂亮的数学本身并不是自然界符合一种理论的充分理由。"——预言了反物质的物理学家保罗·狄拉克（1902—1984）

11. "所有的科学要么是物理要么是集邮。"——"核物理之父"欧内斯特·卢瑟福（1871—1937）

6 则双关语、笑话和逸事

1. 一枚质子走进酒吧。"我失去了我的电子。"它说。

"你确定吗？"招待说。

"我敢肯定 / 我是正的。"

2. 一枚希格斯玻色子走进教堂。

"嘿，没有我你们不许做弥撒 / 不能拥有质量 [①]。"

3. 一枚光子正在一家旅馆登记入住，看门人问他是否需要帮忙搬行李。"不，我轻装旅行 / 是行进中的光。[②]"

4. 约瑟夫·汤姆森出了名的健忘。有一天，汤姆森被同事说服，认识到自己仅有的一条裤子已经旧得没法穿，便在回家吃午饭的路上买了一条，并在下午上班前换上了新的。他的妻子回到家后，发现了那条旧的，便忧心忡忡地向实验室发送了一条消息，确信她的丈夫只穿着内裤离开了家，或者更糟。

5. "正如诺特敏锐的觉察

（对此她应该大受褒扬），

我们很容易看到，

---

① 在英语中，mass 既可以表示"弥撒"，也可以表示"质量"，因此 have mass 既可以理解为"做弥撒"，也可以理解为"拥有质量"。

② 在英语中，travelling light 既可以表示"轻装旅行"，也可以表示"行进中的光"。

对于每一个对称，

都必然有一个量守恒。"（戴维·莫林）

6. 提出中微子存在的沃尔夫冈·泡利极其注重科学的严谨性。他称一些论文和假设"完全错误"，然而这还不是最糟糕的形容：在一段有名的公案中，他把一个理论描述为"甚至不是错的"，因为它是不可验证的。

4 次卓越的急智之作

1. 冷却大型强子对撞机会导致加速器的环收缩，因此各个分段之间由波纹管连接。成千上万个这样的部件被安装到位后，很明显，其中一些部件已经变形，并阻塞了粒子束的行进路线。然而是哪一个呢？有人想出了一个主意，把一个乒乓球放在管道里，这样它就会以每秒几米的速度在真空中滑行，直到碰到障碍物。当球撞上障碍物时，一个骑自行车的人可以听到声音。这种"传球"技术仍然被用来检查大型强子对撞机的粒子束路线是否畅通无阻。

2. 在费米实验室，可溶性阿司匹林片被用于检查万亿电子伏特加速器是否漏水。每个开关由一枚药片顶在开的状态上。如果有泄漏，它会溶于滴下的水中，导致开关跳闸，在发生损坏之前切断电源。

3. 明尼苏达州的低温暗物质搜索探测器必须保持在绝对零度以上不到一开氏度的温度，因此，它周围隔着一系列越往内越冷的层。为了避免各层之间接触造成不必要的升温，脱落的电线都被牙线系住。

4. 日本筑波市的高能加速器研究机构的研究人员可以随时食用类似明胶的魔芋面。这种食物的黏性意味着它们可以用作制造 μ 子探测器所需真空的测试密封材料。

9 项事实

1. 大型强子对撞机的粒子碰撞产生的火球温度可以达到几万亿度（别管你采用哪种温标）。

2. J/Psi 介子的发现证实了夸克模型。它拥有这么尴尬的名字是因为它是由两个团队分别独立发现的，一个团队将其命名为 J，另一个团队将其命名为 Psi。

3. 欧内斯特·劳伦斯在伯克利建造的第一个回旋粒子加速器直径只有大约 10 厘米。

4. 欧洲核子研究中心以无意中不幸触电的石貂而闻名，而费米实验室与动物的关系也很紧张。它的加速器曾经被一只猫（尾巴打断了一道安全光束）和一只浣熊（像大型强子对撞机的石貂一样咬坏了电缆）关闭，另外还遭遇过由老鼠、蛇、鹅和鹿造成的问题。麝鼠曾经排干了一个用来存放冷却水的池塘，导致主环加速器关停了一天。

5. 另有一则令人开心的故事：在 20 世纪 70 年代，费米实验室曾经雇用了一只名叫费利西亚的雪貂来清洁一段长真空管。

6. 轴子的英文名 axion 其实是一种洗衣液的品牌。命名者弗兰克·威尔切克选取这个词的原因是，人们希望这种新粒子能够"清理掉"物理学中的问题，同时词尾 -on 符合人们给粒子命名的习惯。

7. 在剑桥数学科目上获得一级荣誉的毕业生被称为"牧马人"，而最优秀的学生被称为"高级牧马人"。一些伟大的物理学家没能获得这个浪漫的称谓，包括第二牧马人约瑟夫·汤姆森——电子的发现者，以及电磁理论的创始人詹姆斯·克拉克·麦克斯韦。

8.2011 年，大型强子对撞机遇到了 UFO 问题，不过这个 UFO 指的是"不明坠落物"而不是通常所指的"不明飞行物"。电离气体在束流室中产生的电子云和被称为"不明坠落物"的微尘粒子打断了束流，使大型强子对撞机难以持续运转。

9.汤姆森因发现电子是粒子而获得诺贝尔奖，他的儿子乔治因证明电子是波而获得诺贝尔奖。不过他们并不是唯一的父子获奖者：另外还有 5 对父子获奖，包括量子先驱尼尔斯·玻尔和他的儿子奥格。

3 条文化参考

1. 反物质在科幻作品中是一个流行的主题。例如，在《星际迷航》中，星际飞船进取号以反物质为燃料。

2. 更令人难以置信的是，反物质在电影《天使与魔鬼》中被用于推进情节。在影片中，光照派从大型强子对撞机偷取反物质来炸毁梵蒂冈。

3. 在电影《捉鬼敢死队》中，未经许可的粒子加速器为质子包提供能量。其发明者解释道，在使用这些设备时，让粒子束交叉是不明智的。相比之下，在大型强子对撞机上，那么做是必要的。

10 个供进一步阅读的网站和书籍

1. 要想阅读一份非常短的粒子物理学简介，弗兰克·克洛斯撰写的《粒子物理学：一个非常短的介绍》(*Particle Physics: A Very Short Introduction*, 2004 年)也许再合适不过了。

2. 2014 年出版的《物理学七堂课》(*Seven Brief Lessons on Physics*)由卡洛·罗韦利撰写，是一本"清晰而迷人"的小书，先在意大利成为畅销书，随后风靡世界各地——理由很充分。

3. 要想更深入地研究粒子物理学的奥秘，大卫·格里菲思的《粒子物理导论》(*Introduction to Elementary Particles*，2008 年)是一本好教材。

4. 肖恩·卡罗尔 2012 年出版的《宇宙尽头的粒子》(*The Particle at the End of the Universe*)一书讲述了寻找希格斯粒子的过程(及其重要性)。

5. 另一本讲述希格斯玻色子发现过程的书是伊恩·桑普尔的《宏大：寻找上帝粒子》(*Massive: The Hunt for the God Particle*)。

6. 想要一本优秀的物理学游记，不妨试试阿尼尔·阿纳塔斯瓦米 2003 年出版的《物理学的边缘：揭开宇宙奥秘的地球极限之旅》(*The Edge of physics: A Journey to Earth's Extreme to Unlock the Secrets of the Universe*)。

7. 要想探究最古怪的物理学家之一，不妨读一读格雷厄姆·法梅罗的《最奇怪的人：量子天才保罗·狄拉克的隐秘生活》(*The Strangest Man: the Hidden Life of Paul Dirac, Quantum Genius*，2009 年)。

8. 想要了解更多艾米·诺特那无人喝彩的才华和你可能从未听说过的最伟大的物理学定理，读一读戴夫·戈德堡的《后视镜中的宇宙：隐藏的对称性如何塑造现实》(*The Universe in the Rearview Mirror: How Hidden Symmetries Shape*

Reality，2013 年)。

9. 如果你更喜欢获得以巧妙折叠的形式呈现的信息，那就去看看安东·拉德夫斯基和艾玛·桑德斯合著的《通往物质之心的旅程》(*Voyage to the Heart of Matter*，2009 年)，这是一本关于欧洲核子研究中心的超环面仪器的弹出式书籍。

10. 如果你想为粒子物理事业贡献一些多余的计算能力，请访问 LHC@home。

名词表

ALICE　"大型离子对撞机实验"（A Large Ion Collider Experiment）的缩写，这是大型强子对撞机的七个探测器实验之一。设计它的目的是研究在极端能量密度下强力的物理性质。

反物质　这是一种由反粒子组成的物质。每种粒子都有一种与之质量相同但电荷相反的反粒子伙伴。例如，电子有带正电荷的反电子，或者叫正电子。

ATLAS　超环面仪器（A Toroidal LHC ApparatuS），大型强子对撞机的两个通用探测器之一。它的研究范围很广，从寻找希格斯玻色子到可能构成暗物质的粒子。它与 CMS 实验（见下文）有着相同的科学目标，但使用了不同的设计。

大爆炸　根据大爆炸理论——我们对空间膨胀的最佳解释，大约 138 亿年前，整个宇宙从一个超热的微观区域一爆而生发。

玻色子　携带自然力的粒子。根据量子力学，玻色子是两类粒子（另一类是费米子）中的一类。二者由一种叫作自旋的特性来区分。玻色子自旋为整数。

CERN　欧洲核子研究中心（Conseil européen pour la recherche nucléaire）的首字母缩写，位于日内瓦附近的法国 - 瑞士边境。

CMS　紧凑 μ 子线圈，大型强子对撞机的通用探测器。它使用一个巨大的螺线管磁体来弯曲大型强子对撞机中对撞后生成的粒子的路径。

暗能量　被认为是宇宙的主宰者，约占宇宙所有成分的 68%，并导致宇宙以越来越快的速度膨胀。

暗物质　一种神秘的物质，约占宇宙所有成分的 27%，远远超过普通物质，作为一种引力黏合剂，促成了恒星和星系的形成。

电磁力　带电粒子之间的相互作用。电磁相互作用是四大基本相互作用之一（另外三个是引力、强核力和弱核力）。

电子　一种带负电荷的亚原子粒子。

基本粒子　不可再分的粒子。

费米子　自旋为 1/2 的奇数倍的粒子，比如电子和质子。

味　科学家们用这个名字来描述同一类型粒子的不同版本。

广义相对论　将狭义相对论和等效原理结合而成的引力理论，由爱因斯坦在 1915 年提出。物体弯曲时空，使其他事物加速向它们靠近。

胶子　这些无质量的粒子携带着将夸克结合在一起的力量。

引力子　量子理论中传播引力的假想粒子。

引力　已知四种自然力中最弱的一种，也是唯一没有用标准模型解释的一种。在宇宙尺度上，它似乎很强大，因为它是长程力，而且总是相互吸引而非排斥。

强子　由夸克和反夸克组成的亚原子粒子，由强力结合在一起。最著名的强子是质子。

希格斯玻色子　标准模型的一种基本粒子。其他粒子通过与其相关场的相互作用获得质量。希格斯玻色子最初是在 1960 年被提出，最终在 2012 年被发现。

希格斯场　分布于整个空间，并以不同强度与粒子相互作用。与之相互作用越强，粒子看起来就越重。有些粒子，如光子，根本不与希格斯场相互作用，因此没有质量。

轻子　一类基本粒子。电子、μ 子和 τ 子是轻子家族中带电的成员，而三种中微子是它们不带电的伙伴。

LHC　大型强子对撞机，世界上最大的粒子加速器，位于日内瓦附近的欧洲核子研究中心。

LHCb　大型强子对撞机底夸克实验通过研究一种叫作美夸克或者底夸克的粒子，探索物质和反物质之间的细微差别。

Linac　直线粒子加速器（linear particle accelerator）的缩写。

圈量子引力　这一理论试图将广义相对论与量子力学结合起来。它认为时空必须符合量子的概念：它必须由大小有限的块构成，而不是连续的。这些小块其实都是些微小的圈。

磁单极子　孤立的磁极。理论上存在，但是尚未在自然界中发现。

M 子　这种轻子的质量大约是电子的 200 倍。

超中性子　超对称理论预测的一种粒子，目前还没有出现在任何实验的结果中。

中微子　标准模型中不带电,几乎没有质量的粒子。它们有三种不同的味：电中微子、μ 中微子和 τ 中微子。

中子　质量与质子接近但不带电的亚原子粒子。

核子　质子或者中子，是原子核的组成部分。

粒子加速器　将电子或者质子等粒子加速到极高能量的机器。机器中装备着磁体，用来集中和引导这些粒子束，使其碰撞。

五夸克　一种由 5 个夸克组成的粒子，在 20 世纪 60 年代被预测，最终在 2015 年被探测到。

光子　一种无质量的粒子，代表着电磁辐射或者光的最小单位。

质子　原子核中带正电荷的亚原子粒子，由3个夸克组成。

量子色动力学　描述把夸克凝聚在一起的强力的理论。

量子电动力学　描述带电粒子电磁相互作用的量子理论。

量子场论　用于为亚原子粒子建立量子力学模型的一个框架。

量子力学　在原子和亚原子层面上解释物理的定律。在那个层面上，粒子像波一样运动，可能同时处于几种状态，并且可以拥有跨越时间和空间将它们连接起来的共享状态。

夸克　这些物质的基石结合起来形成叫作强子的复合粒子，其中最稳定的是质子和中子。夸克有6个类型（或者味）：上夸克、下夸克、奇夸克、璨夸克、底夸克和顶夸克。

狭义相对论　根据爱因斯坦1905年提出的这项理论，运动、距离和时间都是相对的——这都是因为光速是恒定的。

自旋　一个粒子的固有角动量。

粒子物理学的标准模型　该理论涵盖了自然界4种力中的3种（电磁力、强力和弱力，不包括引力）的运作。它描述了物质的粒子——费米子——是如何感受到力，并通过交换被称为玻色子的其他粒子而相互作用的。

弦论　该理论认为所有的粒子都是更基本的振动弦的表现。

强核力　又叫强力、强相互作用，自然界4种基本力之一。它是质子和中子之间的力，也是组成它们的单个夸克之间的力。

超对称理论　标准模型的扩展，该理论认为每个粒子都有一个更重的"超伴子"，但其性质略有不同。

万有理论　包罗万象却又难以捉摸的物理学理论，统一了量子力学和广义相对论，并可以在一个单一的框架内描述自然界的所有力。

W 玻色子 这种基本粒子和 Z 玻色子一起负责弱力。它是在 1983 年被发现的。

弱核力 又叫弱力、弱相互作用，是四大基本力之一，仅约为强力的一万分之一。它是放射性衰变的原因。

Z 玻色子 一种不带电荷的基本粒子。Z 玻色子携带弱力，和它带电荷的表亲 W 玻色子一样，是在 1983 年被发现的。